A Prova de Gödel

Coleção Debates
Dirigida por J. Guinsburg

Equipe de Realização – Tradução: Gita K. Guinsburg; Revisão: Paulo de Salles Oliveira; Produção: Ricardo W. Neves, Sergio Kon e Lia N. Marques

ernest nagel
james r. newman
A PROVA DE GÖDEL

PERSPECTIVA

Título do original em inglês
Gödel's Proof

© New York University Press – USA

Dados Internacionais de Catalogação na Publicação (CIP)
(Câmara Brasileira do Livro, SP, Brasil)

Nagel, Ernest, 1901-1985.
A prova de Gödel / Ernest Nagel, James R. Newman ;
[tradução Gita K. Guinsburg]. -- São Paulo : Perspectiva,
2015. -- (Debates ; 75 / dirigida por J. Guinsburg)

Título original: Gödel´s proof
4ª reimpr. da 2. ed. de 2001.
Bibliografia.
ISBN 978-85-273-0155-8

1. Gödel, Kurt, 1906-1978 2. Teorema de Gödel. I. Newman,
James Roy, 1907-1966. II. Guinsburg, J. III. Título. IV. Série.

07-4442   CDD-511.3

Índices para catálogo sistemático:
1. Teorema de Gödel : Lógica matemática   511.3

2ª edição – 4ª reimpressão
[PPD]

Direitos reservados em língua portuguesa à

EDITORA PERSPECTIVA S.A.

Praça Dom José Gaspar, 134, cj. 111
01047-912 São Paulo SP Brasil
Tel: (11) 3885-8388
www.editoraperspectiva.com.br

2025

A Bertrand Russell

SUMÁRIO

Agradecimentos.. 11

1. Introdução 13
2. O Problema da Consistência 17
3. Provas Absolutas de Consistência............................... 31
4. O Sistema de Codificação da Lógica Formal............ 39
5. Um Exemplo de uma Bem-Sucedida Prova
   Absoluta de Consistência.. 45
6. A Ideia de Mapeamento e o seu uso na Matemática 55
7. A Prova de Gödel... 65

   A. A Numeração de Gödel... 65

   B. A Aritmetização de Metamatemáticas................. 71

   C. O Cerne do Argumento de Gödel........................ 76
8. Reflexões Finais... 87

Apêndices 91

Bibliografia Sumária.. 101

AGRADECIMENTOS

Os autores reconhecem, agradecidos, a generosa assistência que receberam do Prof. John C. Cooley da Columbia University. Ele leu criticamente um primeiro esboço do manuscrito e ajudou a esclarecer a estrutura do argumento e a aperfeiçoar a exposição na lógica de alguns pontos. Queremos agradecer ao *Scientific American* a permissão para reproduzir vários dos diagramas do texto que apareceram em um artigo sobre a prova de Gödel no número de junho de 1956 desta revista. Somos gratos ao Prof. Morris Kline da New York University pelas proveitosas sugestões referentes ao manuscrito.

1. INTRODUÇÃO

Em 1931, apareceu em um periódico científico alemão um artigo relativamente curto com o título rebarbativo: "Uber formal unentscheidbare Sätze der Principia Mathematica und verwandter Systeme" ("Sobre as Proposições Indecidíveis dos Principia Mathematica e Sistemas Correlatos"). Seu autor era Kurt Gödel, então um jovem matemático de 25 anos, da Universidade de Viena e, a partir de 1938, membro permanente do Institute for Advanced Study em Princeton. O artigo é um marco na história da lógica e da matemática. Quando a Universidade de Harvard concedeu a Gödel um título honorífico em 1952, a citação descrevia o trabalho como um dos mais importantes progressos da lógica nos tempos modernos.

Na época em que apareceu, contudo, nem o título do artigo de Gödel nem o conteúdo eram inteligíveis à maioria dos matemáticos. Os *Principia Mathematica* mencionados no título são o monumental tratado em 3 volumes de

Alfred North Whitehead e Bertrand Russell sobre lógica matemática e fundamentos da matemática; e a familiaridade com esta obra não constitui um pré-requisito para a pesquisa bem-sucedida na maioria dos ramos da matemática. Além do mais, o artigo de Gödel trata de um conjunto de questões que nunca atraiu mais do que um grupo relativamente pequeno de estudiosos. O raciocínio da prova era tão novo na época de sua publicação que apenas os que estivessem intimamente familiarizados com a literatura técnica de um campo altamente especializado poderiam acompanhar o argumento com pronta compreensão. Não obstante, as conclusões que Gödel estabeleceu são hoje amplamente reconhecidas como sendo revolucionárias em sua larga significação filosófica. É o objetivo do presente ensaio tornar a substância dos achados de Gödel e o caráter geral de sua prova acessíveis ao não especialista.

O famoso artigo de Gödel atacava um problema central nos fundamentos da matemática. Será útil dar um breve apanhado preliminar do contexto em que o problema ocorre. Qualquer pessoa que se defrontou com a geometria elementar lembrará, sem dúvida, que ela é ensinada como disciplina *dedutiva*. Não é apresentada como uma ciência experimental cujos teoremas devem ser acolhidos porque concordam com a observação. Esta noção, de que uma proposição pode ser estabelecida como a conclusão de uma *prova lógica* explícita, remonta aos antigos gregos que descobriram o que é conhecido como "o método axiomático" e usaram-no para desenvolver a geometria de uma maneira sistemática. O método axiomático consiste em aceitar *sem* prova certas proposições como axiomas ou postulados (*e.g.*, o axioma de que por dois pontos podemos traçar uma e uma só reta) e depois derivar dos axiomas todas as proposições do sistema como teoremas. Os axiomas constituem os "fundamentos" do sistema; os teoremas são a "superestrutura" e são obtidos a partir dos axiomas com a ajuda exclusiva dos princípios da lógica.

O desenvolvimento axiomático da geometria causou poderoso impacto sobre os pensadores no curso dos tempos, pois o número relativamente pequeno de axiomas carrega todo peso das inesgotavelmente numerosas proposições deles deriváveis. Além disso, se de algum modo a verdade dos axiomas pode ser estabelecida – e de fato durante uns dois mil anos a maioria dos estudiosos acreditou sem qualquer dúvida que são a verdade do espaço – tanto a verdade quanto a consistência mútua de todos os teoremas estão automaticamente garantidas. Por esta razão, a forma axiomática da geometria se afigurou a muitas gerações de notáveis pensadores como o modelo do conhecimento científico no que ele tem de melhor. Era natural, pois, perguntar se outros ramos do pensamento, afora a geometria, podem ser situados sobre um fundamento axiomático seguro. Contudo, embora certas partes da física recebessem uma formulação axiomática na antiguidade (*e.g.*, por Arquimedes), até a época moderna a geometria era o único ramo da matemática que dispunha daquilo que a maioria dos estudiosos considerava uma sadia base axiomática.

Mas nos últimos dois séculos o método axiomático veio a ser explorado com poder e vigor crescentes. Novos ramos da matemática assim como velhos, inclusive a familiar aritmética dos números cardinais (ou "inteiros"), foram dotados com o que pareciam ser conjuntos adequados de axiomas. Gerou-se assim uma opinião em que era tacitamente pressuposto que todo o setor do pensamento matemático pode ser dotado de um conjunto de axiomas suficiente para desenvolver sistematicamente a totalidade infinita de verdadeiras proposições acerca da área dada de investigação.

O artigo de Gödel mostrou que tal pressuposição é insustentável. Ele colocou os matemáticos diante da espantosa e melancólica conclusão de que o método axiomático tem certas limitações inerentes que eliminam a possibilidade de que mesmo a aritmética comum dos inteiros possa ser plenamente axiomatizada. Mais ainda, ele provou que é impossível estabelecer a consistência lógica interna de uma amplíssima classe de sistemas dedutivos – aritmética elementar, por exemplo – a menos que adotemos princípios de raciocínio tão complexos que sua consistência interna fica tão aberta à dúvida quanto a dos próprios sistemas. À luz destas conclusões, é inatingível qualquer sistematização final de numerosas áreas importantes da matemática e é impossível dar garantia absolutamente impecável de que muitos ramos significativos do pensamento matemático estejam inteiramente livres de contradição interna.

As descobertas de Gödel minaram assim pré-concepções profundamente arraigadas e demoliram antigas esperanças que eram novamente alimentadas pela pesquisa sobre os fundamentos da matemática. Mas seu artigo não era inteiramente negativo. Introduzia no estudo das questões de fundamento uma nova técnica de análise comparável por sua natureza e fertilidade ao método algébrico que René Descartes introduziu na geometria. Esta técnica sugeriu e iniciou novos problemas para a investigação matemática e lógica. Provocou uma reavaliação ainda em curso de filosofias da matemática mantidas em amplos círculos e de filosofias do conhecimento em geral.

Os pormenores das provas de Gödel, em seu artigo que marcou época, são demasiado difíceis para que possam ser acompanhados sem considerável treino matemático Mas a estrutura básica de suas demonstrações e o cerne de suas conclusões podem tornar-se inteligíveis a leitores com reduzidíssimo preparo matemático e lógico. A fim de alcançar um tal entendimento, talvez seja útil ao leitor um breve apanhado de certos desenvolvimentos importantes na história da matemática e da moderna lógica formal. Os próximos quatro capítulos deste ensaio serão dedicados a isto.

2. O PROBLEMA DA CONSISTÊNCIA

O século XIX assistiu a uma tremenda expansão e inten-sificação da pesquisa matemática. Muitos problemas fun-damentais que haviam resistido longamente aos melhores esforços de pensadores antigos foram resolvidos; novos setores de estudos matemáticos foram criados; e em vários ramos desta disciplina foram assentados novos alicerces ou velhos fundamentos foram inteiramente reformulados com a ajuda de técnicas mais precisas de análise. Para ilustrar o fato: os gregos haviam proposto três problemas em geome-tria elementar: a trissecção, com régua e compasso de qual-quer ângulo, a construção de um cubo de volume igual ao dobro do volume de um cubo qualquer e a construção de um quadrado de área igual à área de um círculo qualquer.

Por mais de dois mil anos sucederam-se tentativas malogradas de resolver tais problemas. Por fim, no século XIX, provou-se que as construções almejadas eram logica-mente impossíveis. Além disso, estes esforços produziram

17

um valioso subproduto. Como as soluções dependiam essencialmente da determinação dos tipos de raízes que satisfaziam certas equações, a preocupação com os famosos exercícios formulados na antiguidade estimularam investigações profundas sobre a natureza do número e a estrutura do *continuum* numérico. Definições rigorosas foram finalmente dadas para números negativos, complexos e irracionais; construiu-se uma base lógica para o sistema de números reais; e foi fundado um novo ramo da matemática, a teoria dos números infinitos.

Mas talvez o desenvolvimento mais significativo, pelos seus efeitos de grande alcance sobre a subsequente história da matemática, foi a solução de outro problema que os gregos levantaram sem responder. Um dos axiomas que Euclides usou na sistematização da geometria está relacionado às paralelas. O axioma que adotou equivale logicamente (embora não seja idêntico) à hipótese de que, por um ponto fora de uma dada reta, pode-se traçar uma e uma só paralela à reta dada. Por várias razões, este axioma não pareceu "autoevidente" aos antigos. Eles procuraram, portanto, deduzi-lo de outros axiomas euclidianos que lhes pareciam claramente autoevidentes[1]. Será possível fornecer uma tal prova do axioma das paralelas? Gerações de matemáticos lutaram com a questão, sem resultado. Mas os repetidos malogros em construir uma prova não signifíca que não seja possível descobrir uma, assim como repetidos fracassos

---

1. A principal razão para esta alegada falta de autoevidência parece ter sido o fato de que o axioma das paralelas faz uma afirmação sobre regiões inteiramente remotas do espaço. Euclides define as linhas paralelas como retas em um plano que, "sendo estendidas indefinidamente em ambas as direções", não se encontram. Consequentemente, afirmar que duas linhas são paralelas é pretender que as duas linhas não se encontrarão sequer " no infinito". Mas os antigos estavam familiarizados com linhas que, embora não se cortem umas às outras em qualquer região finita do plano, se encontram "no infinito". Tais linhas são denominadas "assintóticas". Assim, uma hipérbole é assintótica aos seus eixos. Não era portanto intuitivamente evidente para os antigos geômetras que de um ponto fora de uma reta dada, apenas uma reta pudesse ser traçada que não fosse encontrar a reta dada, mesmo no infinito.

em achar a cura para o resfriado comum não firma, fora de dúvida, de que a humanidade sofrerá para sempre de corizas. Foi somente no século XIX que se demonstrou, principalmente pelo trabalho de Gauss, Bolyai, Lobachewsky e Riemann, a *impossibilidade* de deduzir o axioma das paralelas de outros. Este resultado foi da máxima importância intelectual. Em primeiro lugar, chamava atenção da maneira mais impressionante para o fato de que se pode dar uma *prova da impossibilidade de provar* certas proposições dentro de um dado sistema. Como veremos, o artigo de Gödel é uma prova da impossibilidade de demonstrar certas proposições importantes na aritmética. Em segundo lugar, a resolução do problema do axioma das paralelas forçou a percepção de que Euclides não é a última palavra em matéria de geometria, uma vez que novos sistemas de geometria são construtíveis mediante o uso de certo número de axiomas diferentes dos adotados por Euclides e incompatíveis com eles. Em particular, como bem se sabe, resultados fecundos e de imenso interesse são obtidos quando o axioma das paralelas de Euclides é substituído pela pressuposição de que é possível traçar por um ponto dado mais de uma paralela a uma reta dada ou, alternativamente, pela pressuposição de que não se pode traçar paralelas. A crença tradicional de que os axiomas da geometria (ou para este caso os axiomas de qualquer disciplina) podem ser estabelecidos por sua aparente autoevidência foi assim radicalmente solapada. Além disso, pouco a pouco, tornou-se claro que o negócio mesmo do matemático puro é *derivar teoremas de hipóteses postuladas* e que não lhe compete, como matemático, decidir se os axiomas que pressupõe são realmente verdadeiros. E, por fim, estas bem-sucedidas modificações da geometria ortodoxa incitaram a revisão e o completamento das bases axiomáticas de muitos outros sistemas matemáticos. Campos de indagação até aí cultivados de maneira mais ou menos intuitiva foram finalmente dotados de fundamentos axiomáticos (ver Apêndice n. 1).

A conclusão geral que emerge desses estudos críticos dos fundamentos da matemática é que a vetusta concepção da matemática como a "ciência da quantidade" é tanto inadequada como desencaminhadora. Pois, evidencia-se que a matemática é simplesmente a disciplina *por excelência* que tira conclusões logicamente implicadas em qualquer conjunto de axiomas ou postulados. De fato, veio a ser reconhecido que a validade de uma inferência matemática não depende em sentido algum de qualquer significado especial que se possa associar aos termos ou expressões contidos nos postulados. A matemática foi assim reconhecida como sendo muito mais abstrata e formal do que se supunha tradicionalmente: mais abstrata porque enunciados matemáticos podem ser estabelecidos em princípio sobre o que quer que seja mais do que sobre algum conjunto de objetos ou traços de objetos inerentemente circunscrito; e mais formalmente, porque a validade das demonstrações matemáticas se estriba na estrutura de enunciados, mais do que na natureza de um tema particular. Os postulados de qualquer ramo da matemática demonstrativa não se referem inerentemente a espaço, quantidade, maçãs, ângulos ou orçamentos; e qualquer significado especial que pode estar associado com os termos (ou "predicados descritivos") nos postulados não desempenha papel essencial no processo da derivação de teoremas. Repetimos que o problema com o qual o matemático puro se defronta (diferentemente do cientista que emprega a matemática ao investigar um assunto especial) não é se os postulados por ele assumidos ou as conclusões que deles deduz são verdadeiros, mas se as alegadas conclusões são de fato *consequências lógicas necessárias* das pressuposições iniciais.

Tomem este exemplo. Entre os termos indefinidos (ou "primitivos") empregados pelo influente matemático alemão David Hilbert em sua famosa axiomatização da geometria (publicada pela primeira vez em 1899) constam "ponto", "reta", "está em" e "entre". Podemos conceder que os significados costumeiros ligados a tais expressões desempenham certo papel no processo de descoberta e aprendizado de teoremas. Desde que os significados se tornem familiares, sentimos que entendemos suas várias inter-relações e elas levam à formulacão e à seleção de axiomas; além disso, sugerem e facilitam a formulação de enunciados que desejamos estabelecer como teoremas. Todavia, como Hilbert afirma taxativamente, na medida em que estamos interessados na tarefa matemática primordial de explorar as puras relações lógicas de dependência entre enuciados, devemos ignorar as conotações familiares dos termos primitivos e os únicos "significados" que é preciso associar-lhes são os atribuídos pelos axiomas em que entram[2]. Tal é o sentido do famoso epigrama de Russell: a matemática pura é o assunto em que não sabemos acerca do que estamos falando e se o que estamos dizendo é verdadeiro.

Um domínio de rigorosa abstração, despido de todos os marcos familiares, certamente não é fácil de penetrar. Mas oferece compensações sob a forma de uma nova liberdade de movimento e vistas inusitadas. A intensa formalização da matemática emancipou a mente humana das restrições que a interpretação habitual de expressões colocava na construção de novos sistemas de postulados. Foram desenvolvidas novas espécies de álgebras e geometrias que assinalavam afastamentos importantes da matemática tradicional. À medida que a significação de certos termos veio a ser mais geral, seu uso tornou-se mais amplo e as inferências que se poderiam derivar deles, menos restritas. A formalização levou a uma grande variedade de sistemas de considerável interesse e valor matemáticos. Alguns desses sistemas, cumpre admitir, não se prestavam a interpretações tão obviamente intuitivas (isto é, do senso comum) quanto as da geometria euclidiana ou aritmética, mas este fato não causou alarme. A intuição é, em primeiro lugar, uma faculdade elástica: nossos filhos não

2. Em linguagem mais técnica, os termos primitivos são "implicitamente" definidos pelos axiomas e o que quer que não esteja coberto pelas definições implícitas é irrelevante para a demonstração de teoremas.

terão provavelmente dificuldade em aceitar como intuitivamente óbvios os paradoxos da relatividade, assim como nós
não nos assustamos com ideias que eram tidas totalmente
como não intuitivas há um par de gerações. Demais, como
sabemos todos, a intuição não é um guia seguro; não se pode
usá-la propriamente como critério de verdade ou de fecun-
didade nas indagações científicas.

Contudo, a crescente abstração da matemática suscitou
um problema ainda mais sério. Resultou na questão de saber
se um dado conjunto de postulados utilizados como fundamento de um sistema é internamente consistente de modo
que não sejam dedutíveis dos postulados quaisquer teoremas
mutuamente contraditórios. O problema não parece urgente
quando um conjunto de axiomas é referido a um domínio
definido e familiar de objetos; pois então não é apenas importante perguntar, mas deve ser possível verificar se os axiomas
são de fato verdadeiros para estes objetos. Como os axiomas de Euclides foram geralmente tomados como enunciados verdadeiros acerca do espaço (ou objetos no espaço),
nenhum matemático antes do século XIX jamais conside-
rou a questão de saber se um par de teoremas contraditórios poderia algum dia ser deduzido dos axiomas. A base
para esta confiança na consistência da geometria euclidiana
é o sólido princípio de que enunciados logicamente incompatíveis não podem ser simultaneamente verazes; consequentemente, se um conjunto de enunciados é verdadeiro
(e isto estava pressuposto quanto aos axiomas de Euclides),
tais enunciados são mutuamente consistentes.

As geometrias não euclidianas pertenciam de modo claro
a uma categoria diferente. Seus axiomas foram, de início, considerados evidentemente falsos com respeito ao espaço e, por
esta razão, de uma verdade duvidosa no tocante a qualquer
coisa; assim, reconheceu-se que o problema de estabelecer a
consistência interna de sistemas não euclidianos era tremendo
e crítico. Na geometria riemanniana, por exemplo, o postulado das paralelas de Euclides é substituído pela suposição de
que por um ponto dado fora de uma reta não se pode traçar

nenhuma paralela à reta dada. Agora admitam a pergunta. É o conjunto de postulados riemannianos consistente? Os postulados aparentemente não são verdadeiros no tocante ao espaço da experiência comum. Como pois mostrar a sua consistência? Como provar que não conduzem a teoremas contraditórios. É óbvio que a questão não fica resolvida pelo fato de os teoremas já deduzidos não contradizerem uns aos outros – pois subsiste a possibilidade de que o próximo teorema a ser deduzido venha transtornar os planos. Mas até que o problema seja resolvido, não se pode estar certo de que a geometria de Riemann seja uma alternativa verdadeira para o sistema euclidiano; isto é igualmente válido do ponto de vista matemático. A própria possibilidade de geometrias não euclidianas se tornou assim dependente da resolução deste problema.

Imaginou-se um método geral para resolvê-lo. A ideia subjacente é a de descobrir um "modelo`` (ou "interpretação") para os postulados abstratos de um sistema, de modo que cada postulado é convertido em um verdadeiro enunciado sobre o modelo. No caso da geometria euclidiana, como notamos, o modelo era o espaço comum. O método foi empregado para achar outros modelos cujos elementos pudessem servir como muletas para determinar a consistência de postulados abstratos. A coisa se processa mais ou menos assim: entendamos pela palavra "classe" uma coleção ou agregado de elementos distinguíveis, sendo cada qual denominado um membro da classe. Assim, a classe dos números primos menores do que 10 é a coleção cujos membros são 2, 3, 5 e 7. Suponhamos o seguinte conjunto de postulados relativos a duas classes K e L, cuja natureza especial fica indeterminada, exceto como "implicitamente" definida pelos postulados:

1. Quaisquer dois membros de K estão contidos em apenas um membro de L.
2. Nenhum membro de K está contido em mais do que dois membros de L.
3. Os membros de K não estão todos contidos em um único membro de L.

4. Quaisquer dois membros de L contêm apenas um membro de K.
5. Nenhum membro de L contém mais do que dois membros de K.

Deste pequeno conjunto podemos derivar, por meio de regras habituais de inferência, certo número de teoremas. Por exemplo: pode-se demonstrar que K contém apenas três membros. Mas será o conjunto de tal modo consistente que teoremas mutuamente contraditórios jamais possam ser derivados dele? A pergunta é passível de pronta resposta com a ajuda do seguinte modelo.

Seja K a classe de pontos que consiste dos vértices de um triângulo e L a classe das retas composta por seus lados; e agora entendamos a sentença "Um membro de K está contido em um membro de L", significando que um ponto que é um vértice se encontra sobre uma reta que é um lado. Cada um dos cinco postulados abstratos fica então convertido em um enunciado verdadeiro. Por exemplo, o primeiro postulado afirma que dois pontos quaisquer que são vértices do triângulo se acham sobre uma única reta, que é o lado. (Ver Fig. 1). Destarte, fica provado que o conjunto de postulados é consistente.

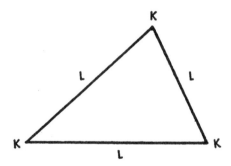

Fig. 1
O modelo para um conjunto de postulados relativo a duas classes K e L é um triângulo cujos vértices são membros de K e cujos lados são membros de L. O modelo geométrico mostra que os postulados são consistentes.

É possível também estabelecer aparentemente a consistência da geometria plana riemanniana mediante um modelo que corporifique os postulados. Podemos interpretar a expressão "plana" nos axiomas de Riemann como relativa à superfície de uma esfera euclidiana, a expressão "ponto", como referente a um ponto sobre esta superfície e a expressão "reta", como a um arco de um círculo máximo dessa superfície e assim por diante. Cada postulado de Riemann fica então transformado em um teorema de Euclides. Por exemplo, com base nesta interpretação, o postulado das paralelas de Riemann reza: por um ponto sobre a superfície de uma esfera, não se pode traçar nenhum arco de um círculo máximo paralelo a um dado arco de um círculo máximo (Ver Fig. 2).

À primeira vista, esta prova da consistência da geometria riemanniana pode parecer conclusiva. Mas um olhar mais próximo torna isto desconcertante. Pois um olho agudo discernirá que o problema não foi resolvido; foi apenas deslocado para outro domínio. A prova tenta estabelecer a consistência da geometria riemanniana apelando para a consistência da geometria euclidiana. O que emerge então é apenas o seguinte: a geometria riemanniana é consistente se a geometria de Euclides o for. A autoridade de Euclides é assim invocada para demonstrar a consistência de um sistema que desafia a exclusiva validez de Euclides. A pergunta ineludível é: são os próprios axiomas do sistema euclidiano consistentes?

Uma resposta à indagação consagrada como notamos por uma longa tradicão é que os axiomas euclidianos são verdadeiros e, portanto, consistentes. Esta resposta não é mais tida por aceitável; voltaremos a isto agora e explicaremos por que é insatisfatório. Outra resposta é que os axiomas concordam com a nossa experiência real, embora limitada, do espaço, e que temos justificação para extrapolar do diminuto ao universal. Mas, embora se possa aduzir muita evidência indutiva em apoio a esta pretensão, nossa melhor prova seria logicamente incompleta. Pois mesmo que todos os fatos observados estejam de acordo com os axiomas, fica aberta a possibilidade de que um fato até

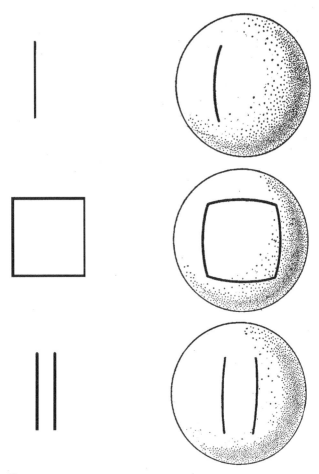

Fig. 2.
A geometria não euclidiana de Bernhard Riemann pode ser representada por um modelo euclidiano. O plano riemanniano torna-se a superfície de uma esfera euclidiana, os pontos sobre o plano convertem-se em pontos sobre esta superfície e as retas no plano tornam-se círculos máximos. Assim, uma porção do plano riemanniano, limitado por segmentos de retas, e descrita como uma porção da esfera limitada por partes de círculos máximos (centro). Dois segmentos de reta no plano riemanniano são dois segmentos de círculos máximos sobre a esfera euclidiana (embaixo) e estes, se prolongados, na realidade se interceptam, contradizendo assim o postulado das paralelas.

agora inobservado possa contradizê-los e assim destruir seu direito à universalidade. Considerações indutivas podem mostrar apenas que os axiomas são plausíveis ou provavelmente verdadeiros.

Hilbert tentou no entanto outro caminho para superar isto. A chave para a sua rota encontra-se na geometria de coordenadas cartesianas. Em sua interpretação, os axiomas de Euclides foram simplesmente transformados em verdades algébricas. Por exemplo, nos axiomas para a geometria plana, construam a expressão "ponto", de modo a significar um par de números, a expressão "reta", de modo a significar a relação (linear) entre números expressa por uma equação de primeiro grau a duas incógnitas, a expressão "círculo", de modo a significar a relação entre números expressa por uma equação quadrática de uma certa forma, e assim por diante. O enunciado geométrico, de que dois pontos distintos determinam uma só reta, transforma-se então na verdade algébrica de que dois pares distintos de números determinam unicamente uma relação linear; o teorema geométrico de que uma linha reta corta um círculo no máximo em dois pontos, no teorema algébrico de que um par de equações simultâneas a duas incógnitas (uma delas linear e a outra, quadrática de um certo tipo) determina no máximo dois pares de números reais; e assim por diante. Em suma, a consistência dos postulados euclidianos é estabelecida pela demonstração de que são satisfeitos por um modelo algébrico. Este método de estabelecer consistência é poderoso e eficiente. Todavia é também vulnerável à objeção já exposta. Pois, mais uma vez resolve-se um problema em um domínio transferindo-o para outro. O argumento de Hilbert em favor da consistência de seus postulados geométricos mostra que se a álgebra for consistente, também o será o seu sistema geométrico. Esta prova diz claramente respeito à suposta consistência de outro sistema e não é uma prova "absoluta".

Nas várias tentativas de resolver o problema da consistência, temos uma fonte persistente de dificuldade. Ela se encontra no fato de que os axiomas são interpretados por modelos compostos de um infinito número de elementos. Isto torna impossível abarcar os modelos em um número finito de observações; daí ser sujeita à dúvida a verdade dos próprios axiomas. No argumento indutivo em favor da verdade da geometria euclidiana, um número finito de fatos observados acerca do espaço concorda presumivelmente com os axiomas. Mas a conclusão que o argumento procura firmar envolve uma extrapolação de um conjunto finito para um conjunto infinito de dados. Como podemos justificar este salto? De outra parte a dificuldade é minimizada, senão completamente eliminada, lá onde é possível imaginar um modelo apropriado que contenha apenas um número finito de elementos. O modelo de triângulo usado para mostrar a consistência dos cinco postulados abstratos para as classes K e L é finito; e é relativamente simples determinar por inspeção real se todos os elementos no modelo satisfazem efetivamente os postulados, e assim se eles são verdadeiros (e portanto consistentes). Para ilustrar: examinando cada um por seu turno os vértices do triângulo modelo podemos saber se dois quaisquer estão de um mesmo lado – de modo que o primeiro postulado é estabelecido como verdadeiro. Uma vez que todos os elementos do modelo, assim como as relações importantes entre eles, acham-se abertos à inspeção direta e exaustiva, e uma vez que a probabilidade da ocorrência de enganos ao inspecioná-los é praticamente nula, a consistência dos postulados nesse caso não é assunto de dúvida genuína.

Infelizmente, a maioria dos sistemas de postulados que constitui os fundamentos de importantes ramos da matemática não pode ser espelhado em modelos finitos. Considerem o postulado da aritmética elementar que afirma ter todo inteiro um sucessor imediato diferente de qualquer inteiro precedente. É evidente que o modelo necessário para testar o conjunto ao qual este postulado pertence não pode ser finito, mas deve conter uma infinidade de elementos. Segue-se que a verdade (e portanto a consistência) do conjunto não pode ser estabelecida por uma inspeção exaustiva de um número limitado de elementos. Aparentemente chegamos a um impasse. Modelos finitos bastam em princípio para estabelecer a consistência de certos conjuntos de postulados; mas estes são de pequena importância matemática. Modelos não finitos, necessários à interpretação da maioria dos sistemas de postulados de importância matemática são descritíveis apenas em termos gerais; e não podemos concluir como coisa natural que as descrições estão isentas de contradições ocultas.

É tentador sugerir a esta altura que podemos estar seguros da consistência de formulações em que se descrevem modelos não finitos se as noções básicas empregadas forem transparentemente "claras" e "distintas". Mas a história do pensamento não tratou carinhosamente da doutrina das ideias claras e distintas ou da doutrina do conhecimento intuitivo implícita na sugestão. Em certas áreas da pesquisa matemática onde suposições sobre coleções infinitas desempenham papéis centrais, apareceram contradições radicais, a despeito da clareza intuitiva das noções implicadas nas pressuposições e a despeito do caráter aparentemente consistente das construções intelectuais realizadas. Tais contradições (tecnicamente consignadas como "antinomias") surgiram na teoria dos números infinitos desenvolvida por Georg Cantor no século XIX; e a ocorrência destas contradições tornou patente que a clareza aparente, mesmo de uma noção tão elementar como a de classe (ou agregado) não garante a consistência de qualquer sistema particular erigido com base nele. Uma vez que a teoria matemática das classes que trata das propriedades e relações de agregados ou coleções de elementos é muitas vezes adotada como o fundamento de outros ramos da matemática, e, em particular, da aritmética elementar, é pertinente perguntar se contradições similares às encontradas na teoria das classes infinitas infectam as formulações de outras partes da matemática.

De fato, Bertrand Russell construiu uma contradição dentro da estrutura da própria lógica elementar que é precisamente análoga à contradição desenvolvida primeiro na teoria de Cantor das classes infinitas. A antinomia de Russell pode ser colocada como segue. As classes parecem ser de duas espécies: as que não contêm elas próprias como membros e as que as contêm. Uma classe chamar-se-á "normal" se e somente se não contiver a si mesma como membro, do contrário chamar-se-á "não normal". Um exemplo de classe normal é a classe dos matemáticos, pois evidentemente a própria classe não é um matemático e portanto não é membro de si mesma. Um exemplo de classe não normal é a classe de todas as coisas pensáveis; pois a classe de todas as coisas pensáveis é ela própria pensável e é portanto um membro de si mesma. Seja "N", por definição, o representante da classe de todas as classes normais. Perguntamos se N mesmo é uma classe normal. Se N o for, é um membro de si mesma (pois por definição N contém todas as classes normais); mas, neste caso, N é não normal porque, por definição, uma classe que contém a si mesma como membro é não normal. De outro lado, se N é não normal, é membro de si mesma (por definição de não normal); mas, neste caso, N é normal porque, por definição, os membros de N são classes normais. Em síntese, N é normal se, e apenas se, N for não normal. Segue-se que o enunciado "N é normal" é tanto verdadeiro quanto falso. Esta contradição fatal resulta do uso não crítico da noção aparentemente diáfana de classe. Outros paradoxos foram descobertos mais tarde, cada qual construído por meio de modos de raciocínio familiares e aparentemente cogente. Os matemáticos vieram a compreender que para o desenvolvimento de sistemas consistentes a familiaridade e a clareza intuitiva são caniços fracos para servir de apoio.

Vimos a importância do problema da consistência e nos familiarizamos com o método classicamente padrão para resolvê-lo com a ajuda de modelos. Foi mostrado que na maioria dos exemplos o problema requer o uso de modelo não finito, cuja descrição pode, por sua vez, ocultar inconsistências. Devemos concluir que, embora o método do modelo seja um instrumento matemático precioso, não proporciona resposta final ao problema que pretendia resolver.

3. PROVAS ABSOLUTAS DE CONSISTÊNCIA

As limitações inerentes ao uso de modelos para o estabelecimento da consistência e o crescente temor de que as formulações-padrão de muitos sistemas matemáticos possam abrigar todas as contradições internas, levou a novas abordagens do problema. Uma alternativa para as provas relativas de consistência foi proposta por Hilbert. Ele procurou construir provas "absolutas" mediante as quais seria possível estabelecer os sistemas de consistência sem pressupor a consistência de algum outro sistema. Cumpre-nos explicar abreviadamente este modo de ver como preparação para o entendimento da realização de Gödel.

O primeiro passo na construção de uma prova absoluta, tal como Hilbert concebeu a questão, reside na *completa formalizacão* de um sistema dedutivo. Isto implica drenar as expressões que ocorrem no interior do sistema de todo significado: é preciso considerá-las simplesmente como signos vazios. Como se deve combinar e manipular tais signos é exposto em um

31

conjunto de regras precisamente estabelecidas. O propósito deste procedimento é construir um sistema de signos (denominado "cálculo") que nada esconde e que contém apenas aquilo que nele introduzimos explicitamente. Os postulados e teoremas de um sistema totalmente formalizado são "cadeias" (ou sequências finitamente longas) de marcas sem significado, construídas segundo regras para combinar os signos elementares do sistema em conjuntos maiores. Além disso, quando um sistema foi inteiramente formalizado, a derivação de teoremas a partir de postulados não é mais que a transformacão (de acordo com regras) de um conjunto de tais "cadeias" em outro conjunto de "cadeias". Desta maneira, fica eliminado o perigo de empregar-se quaisquer princípios inconfessados de raciocínio. A formalização é um negócio difícil e ardiloso e serve a um valioso propósito. Revela estruturas e funções em sua nua clareza, como o faz a secção de um modelo de máquina em funcionamento. Uma vez formalizado um sistema, as relações lógicas entre proposições matemáticas ficam à vista; pode-se ver os padrões estruturais de várias "cadeias" de signos "sem significado", como permanecem unidos, como estão combinados, como se aninham um no outro e assim por diante.

Uma página coberta com símbolos "sem significado" de uma tal matemática formalizada não *afirma* nada – é simplesmente um esboço abstrato ou um mosaico dotado de determinada estrutura. Todavia, é possível descrever claramente as configurações de semelhante sistema e efetuar enunciados acerca das configurações e de suas várias relações entre si. É possivel dizer que uma "cadeia" é bonita ou que se parece com outra "cadeia" ou que uma "cadeia" parece constituída por três outras, e assim por diante. Tais enunciados são evidentemente significativos e podem transmitir importantes informações sobre o sistema formal. Cumpre observar entretanto que tais enunciados significativos sobre um sistema matemático (ou formalizado) sem significacão evidentemente não pertencem eles próprios ao referido sistema. Eles pertencem ao que Hilbert chamou de "metamatemática", a linguagem que versa *sobre* a matemática. Os enunciados metamatemáticos são enunciados acerca dos signos que ocorrem dentro de um sistema matemático formalizado (isto é um cálculo) – acerca dos tipos e arranjos de tais signos quando eles se combinam para formar cadeias mais longas de símbolos denominadas fórmulas ou acerca das relações entre fórmulas obteníveis como consequência das regras de manipulação especificadas para elas.

Alguns exemplos ajudarão a entender as distinções de Hilbert entre matemática (isto é, um sistema de signos sem significação) e metamatemática (enunciados significativos sobre a matemática, os signos que ocorrem no cálculo, seus arranjos e relações). Considerem a expressão

$$2 + 3 = 5$$

Esta expressão pertence à matemática (aritmética) sendo inteiramente construída a partir de signos aritméticos elementares. De outro lado, o enunciado:

"$2 + 3 = 5$" é uma fórmula aritmética;

afirma algo acerca da expressão exibida. O enunciado não expressa um fato aritmético e não pertence à linguagem formal da aritmética; pertence à metamatemática, porque caracteriza uma certa cadeia de signos aritméticos como sendo uma fórmula. O seguinte enunciado pertence à metamatemática:

Se o signo "=" for utilizado em uma fórmula de aritmética, deverá ser ladeado tanto à direita como à esquerda por expressões numéricas.

Este enunciado assenta uma condição necessária para o emprego de um certo signo aritmético em fórmulas aritméticas: a estrutura que uma fórmula aritmética deve apresentar se lhe cumpre corporificar o referido signo.

Considerem as três fórmulas subsequentes:

$$x = x$$
$$0 = 0$$
$$0 \neq 0$$

Cada uma delas pertence à matemática (aritmética) porque cada qual está inteiramente construída de signos aritméticos. Mas o enunciado:

"x" é uma variável

pertence à.metamatemática, uma vez que caracteriza um certo signo aritmético como pertencente a uma classe específica de signos (isto é, à classe das variáveis). Mais uma vez, o enunciado seguinte pertence à metamatemática:

A fórmula "o = o" é derivável da fórmula "$x = x$" pela substituição da variável "x" pelo numeral "o".

Ele especifica de que maneira se pode obter uma fórmula aritmética de outra e, destarte, descreve como as duas fórmulas se relacionam entre si. Similarmente, o enunciado

"o ≠ o" não é um teorema

pertence à metamatemática, pois afirma a respeito de uma certa fórmula que ela não é derivável dos axiomas da aritmética, e assim assevera que uma certa relação não vale entre as fórmulas indicadas do sistema. Finalmente, o próximo enunciado pertence à metamatemática:

Aritmética é consistente

(isto é, não é possível derivar dos axiomas da aritmética duas fórmulas formalmente contraditórias – por exemplo, as fórmulas "o = o" e "o ≠ o"). Isto relaciona-se claramente com a aritmética e assegura que pares de fórmulas de uma certa espécie não se apresentam em uma relação específica com as fórmulas que constituem os axiomas da aritmética[1].

---

1. Vale notar que os enunciados da metamatemática apresentados no texto não contêm, como partes constituintes de si próprios, quaisquer dos *signos* e *fórmulas* matemáticas que aparecem nos exemplos. À primeira vista, tal asserção parece sensivelmente falsa, pois os signos e as fórmulas são claramente visíveis. Mas se os enunciados forem examinados com olhar analítico ver-se-á que a questão foi bem apanhada. Os enunciados metamatemáticos contêm os *nomes* de certas expressões aritméticas mas não as próprias expressões aritméticas. A distinção é sutil mas ao mesmo tempo válida e importante. Surge da circunstância de que as regras da gramática inglesa (por exemplo) exigem que nenhuma sentença contenha literalmente os objetos aos quais se possam referir as expressões

Pode acontecer que o leitor julgue o termo metamatemático pesado e o conceito embaraçoso. Não tentataremos argumentar que a palavra seja bonita; mas o conceito mesmo não assombrará ninguém se indicarmos que é utilizado em conexão com um caso especial de uma bem conhecida distinção, ou seja, entre um tópico em estudo e um discurso acerca do tópico. O enunciado "entre os faloropes, os machos chocam os ovos" diz respeito ao tema investigado pelos zoólogos e pertence à zoologia; mas se dissermos que esta assertiva dos faloropes prova que a zoologia é irracional, nosso enunciado não versa sobre os faloropes, mas sobre a asserção e a disciplina em que ela ocorre e é metazoologia. Se afirmarmos que o *id* é mais poderoso do que o *ego* estaremos tagarelando sobre coisas que pertencem à psicanálise ortodoxa; mas se criticarmos este enunciado como isento de sentido e improvável, a nossa crítica pertence à metapsicanálise. E o mesmo ocorre no caso da matemática e da metamatemática. Os sistemas formais que os matemáticos constroem pertencem à pasta denominada "matemática"; a descrição, discussão e teorização acerca dos sistemas pertencem à pasta denominada "metamatemática".

na sentença, mas apenas os *nomes* de tais objetos. Obviamente, quando falamos de uma cidade não colocamos a própria cidade na sentença, mas apenas o nome da cidade; similarmente, se desejamos afirmar algo a respeito de uma palavra (ou outro signo linguístico), não é a própria palavra (ou o signo) que pode aparecer na sentença mas apenas um nome para a palavra (ou signo). De acordo com uma convenção padrão, construímos um ▷ nome para uma expressão linguística dispondo aspas à sua volta. Nosso texto adere a esta convenção. É correto escrever:

Chicago é uma cidade populosa.

Mas é incorreto escrever:

Chicago é trissílaba.

A fim de expressar o que se pretende com esta última sentença, é preciso escrever:

"Chicago" é trissílaba.

Do mesmo modo não é correto escrever:

$x = 5$ é uma equação.

Devemos, ao invés, formular nosso propósito por:

"$x = 5$" é uma equação.

O reconhecimento para o nosso tema da importância da diferença entre matemática e metamatemática não pode deixar de ser enfatizada. As falhas em não respeitá-la produziram paradoxos e confusão. A percepção de sua significação permitiu mostrar à clara luz a estrutura lógica do raciocínio matemático. O mérito da distinção é que implica uma cuidadosa codificação dos vários signos que entram na feitura de um cálculo formal, isento de assunções ocultas e associações irrelevantes de significado. Além do mais, requer definições exatas das operações e regras lógicas de construção e dedução matemáticas, muitas das quais os matemáticos aplicaram sem consciência explícita do que estavam usando.

Hilbert viu o cerne do assunto e baseou sua tentativa de erigir provas "absolutas" de consistência na distinção entre um cálculo formal e a sua descrição. Especificamente, procurou desenvolver um método que produzisse demonstrações de consistência tão além das genuínas dúvidas lógicas quanto o uso de modelos finitos para estabelecer a consistência de certos conjuntos de postulados – por uma análise de um número finito de traços estrutais de expressões em cálculos inteiramente formalizados. A análise consiste em anotar os vários tipos de signos que ocorrem em um cálculo, indicando o modo de combiná-los em fórmulas, prescrevendo como é possível obter fórmulas a partir de outras fórmulas, e determinando se as fórmulas de uma dada espécie são deriváveis de outras por meio de regras de operação explicitamente enunciadas. Hilbert acreditava ser possível exibir todo cálculo matemático como um tipo de padrão "geométrico" de fórmulas, em que as fórmulas mantêm umas para com as outras um número finito de relações estruturais. Esperava, portanto, mostrar pelo exame exaustivo dessas propriedades estruturais de expressões dentro de um sistema que não é possível conseguir fórmulas formalmente contraditórias a partir dos axiomas de dados cálculos. Uma exigência especial do programa de Hilbert em sua concepção original era que as demonstrações de consistência envolvessem apenas processos tais como o de não fazer referência tanto a um número infinito de propriedades estruturais e fórmulas quanto a um número infinito de operações com fórmulas. Tais procedimentos eram denominados "finitários"; e uma prova de consistência conforme a esta demanda denomina-se "absoluta". Uma prova "absoluta" alcança seus objetivos utilizando um mínimo de princípios de inferência e não pressupõe consistência de algum outro conjunto de axiomas. Uma prova absoluta da consistência da aritmética, se é que se poderia construir alguma, demonstraria, portanto, mediante um procedimento metamatemático finitário, duas fórmulas contraditórias tais como "o = o" e sua negação formal "~ (o = o)" – onde o signo "~" significa "não" – não podem ser ambas derivadas de regras enunciadas de inferência a partir dos axiomas (fórmulas iniciais)[2].

Talvez seja útil à guisa de ilustração comparar metamatemática, enquanto teoria da prova, com a teoria do xadrez. O xadrez é jogado com 32 peças de propósitos especificados, sobre um tabuleiro dividido em 64 quadrados onde as peças podem ser movimentadas segundo regras fixadas. O jogo pode obviamente ser desenvolvido sem que se atribua qualquer "interpretação" às peças ou às várias posições sobre o tabuleiro, embora uma tal interpretação possa ser fornecida, caso se deseje. Por exemplo, poderíamos estipular que um dado peão de representar um certo regimento em um exército, que uma certa casa simboliza uma certa região geográfica assim por diante. Mas semelhantes estipulações (ou interpretações) não são costumeiras; tampouco as peças nem as casas, nem as posições das peças sobre o tabuleiro significam algo *fora* do jogo. Neste sentido, as peças suas configurações sobre o

---

2. Hilbert não forneceu uma razão inteiramente precisa daqueles procedimentos metamatemáticos que devem ser considerados finitários. Na versão original de seu programa, as exigências de uma prova absoluta de consistência eram mais restritivas do que nas subsequentes explanações do programa pelos membros de sua escola.

tabuleiro são "isentas de significado". Assim o jogo é análogo a um cálculo matemático formalizado. As peças e as casas do tabuleiro correspondem aos signos elementares do cálculo; as posições legais das peças sobre o tabuleiro, às fórmulas do cálculo; as posições iniciais das peças no tabuleiro, aos axiomas ou fórmulas iniciais do cálcúlo; as posições subsequentes das peças no tabuleiro, às fórmulas derivadas dos axiomas (*i.e.*, aos teoremas); e as regras do jogo, às regras de inferência (ou derivação) para o cálculo. O paralelismo prossegue . Embora as configurações de peças sobre o tabuleiro, como as fórmulas do cálculo sejam "isentas de sentido" os enunciados acerca destas configurações, como enunciados metamatemáticos a respeito das fórmulas, são inteiramente significativos. Um enunciado "metaxadrez" pode asseverar que há 20 possíveis jogadas de abertura para as Brancas ou que, dada uma certa configuração das peças no tabuleiro, com o lance para as Brancas, as Pretas receberão mate em três lances. Além disso, pode-se estabelecer teoremas de "metaxadrez" cuja prova implica apenas um número finito de configurações permissíveis no tabuleiro. É possível estabelecer destarte o teorema de "metaxadrez"quanto ao número de possíveis jogadas de abertura para as Brancas. Do mesmo modo, o teorema de "metaxadrez" de que, se as Brancas têm apenas dois cavalos e o rei e as pretas apenas seu rei, é impossível às Brancas imporem um mate às Pretas. Este e outros teoremas de "metaxadrez" podem, em outros termos, ser provados por métodos finitários de raciocínio, isto é, pelo exame, um de cada vez, de um número finito de configurações passíveis de ocorrer em condições enunciadas. O objetivo da teoria da prova de Hilbert, similarmente, destinava-se a demonstrar por semelhantes métodos finitários a impossibilidade de derivar certas fórmulas contraditórias em um dado cálculo matemático.

4. O SISTEMA DE CODIFICAÇÃO DA LÓGICA FORMAL

Há duas pontes ainda a transpor antes de entrar própria prova de Gödel. Cumpre-nos indicar como e por que surgiram os *Principia Mathematica* de Russell e Whitehead; e devemos dar uma breve ilustração da formalização de um sistema dedutivo – tomaremos um fragmento dos *Principia* – e explicar como se pode estabelecer a sua consistência absoluta.

Comumente, mesmo quando as provas matemáticas obedecem aos padrões aceitos do rigor profissional, sofrem de uma importante omissão. Elas corporificam princípios (ou regras) de inferência não explicitamente formulados, dos quais os matemáticos amiúde não têm consciência. Tomem a prova de Euclides de que não há um número primo maior do que todos os primos. (Um número é primo se for divisível sem resto por nenhum outro número além dele próprio e da unidade). O argumento lançado na forma de uma *reductio ad absurdum* corre como segue: Admitamos, contrariando o que a prova procura demonstrar, que existe um número primo maior que todos os primos. Designemo-lo por "x". Então:

1. x é o primo maior que todos os números primos.
2. Formem o produto de todos os números primos menores ou iguais a x e somem 1 ao produto. Isto produzirá um novo número y onde $y =$

$$(2 \times 3 \times 5 \times 7 \times \ldots \times x) + 1,$$

3. Se y for primo, então x não é o maior número primo, pois y é obviamente maior do que x.
4. Se y não for primo (composto), então x não é o maior primo. Pois se y for composto, ele deve ter um divisor primo z; e z tem de ser diferente de cada um dos números primos $2, 3, 5, 7, \ldots x$, menores ou iguais a x; portanto z tem que ser um número primo maior do que x.
5. Mas y é ou primo ou composto.
6. Portanto x não é o número primo, maior que todos os primos.
7. Não há número primo maior que todos os primos.

Estabelecemos apenas os principais elos da prova. Pode-se mostrar, entretanto, que ao forjar a cadeia completa, um número razoavelmente grande de regras de inferência tacitamente admitidas, assim como teoremas de lógica, são essenciais sendo que alguns deles pertencem à parte mais elementar da lógica formal e outros, aos ramos mais avançados; por exemplo, são incorporados regras e teoremas que pertencem à "teoria da quantificação". Esta teoria lida com relações entre enunciados que contêm partículas "quantificantes", tais como "todo", "algum" e seus sinônimos. Apresentaremos um teorema elementar de lógica e uma regra de inferência, sendo cada um dos quais um parceiro silencioso, porém necessário da demonstração.

Observem a linha 5 da prova. De onde ela procede? A resposta é, do teorema lógico (ou verdade necessária) 'Tanto p quanto não-p', onde 'p' denomina-se sentença variável. Mas como obtemos a linha 5 a partir deste teorema? A resposta é, pelo emprego da regra inferência conhecida como a

"Regra de Substituição de Variáveis Sentenciais", de acordo com a qual um enunciado pode ser derivado de outro que contenha tais variáveis, substituindo qualquer enunciado (neste caso, 'y é primo') por toda ocorrência de uma variável distinta (neste caso, a variável 'p'). O uso destas regras e teoremas lógicos é como dissemos muitas vezes quase uma ação inconsciente. E a análise que os expõe, mesmo em provas relativamente simples como as de Euclides, depende de avanços na teoria lógica efetuados tão-somente no último século[1]. Como M. Jourdain de Molière, que falou prosa a vida inteira sem saber disso, os matemáticos estiveran raciocinando durante pelo menos 2 milênios sem que tivessem consciência de todos os princípios subjacente ao que faziam. A verdadeira natureza das ferramentas de seu ofício tornou-se evidente apenas em tempos recentes.

Por quase 2 mil anos, a codificação aristotélica da fórmas válidas de dedução foi tida em amplos círculos como completa e incapaz de sofrer uma melhoria essencial. Já em 1787, o filósofo alemão Emmanuel Kant pode afirmar que desde Aristóteles a lógica formal "não conseguira avançar um passo sequer e, ao que tudo indica, é um corpo fechado e completo de doutrina". O fato é que a lógica tradicional é gravemente incompleta e falha mesmo em dar conta de muitos princípios de inferência empregados de maneira muito elementar no raciocínio matemático[2]. O renascimento dos estudos lógicos na época moderna começou com a publicação em 1847 de *A Análise Matemática da Lógica* de George Boole. A principal preocupação de Boole e de seus sucessores imediatos foi desenvolver uma álgebra da lógica que fornecesse uma notação precisa para o tratamento de tipos mais gerais e mais variados de dedução do que os abrangidos pelos princípios lógicos tradicionais.

---

1. Para uma discussão mais pormenorizada das regras de inferência teoremas lógicos necessários para chegar às linhas 6 e 7 da prova acima, o leitor deve recorrer ao Apêndice n. 2.

2. Por exemplo, dos princípios envolvidos na inferência: 5 é maior do que 3; portanto, o quadrado de 5 é maior que o quadrado de 3.

Suponham haver-se verificado em certa escola que aqueles que se formam com louvor se compõem precisamente de rapazes que têm preferência pela matemática e moças sem preferência por esta disciplina. Como é formada a classe que tem matemática como matéria preferencial em termos das outras classes de estudantes mencionados? A resposta não surge prontamente se usarmos apenas o aparelho da lógica tradicional. Mas com a ajuda da álgebra de Boole pode-se mostrar facilmente que a classe dos que preferem a matemática consiste exatamente de rapazes graduados com louvor e moças não graduadas com louvor.

TABELA I

Todos os cavalheiros são educados
Nenhum dos banqueiros é educado
Nenhum dos cavalheiros é banqueiro.

$c \subset e$
$b \subset e$
$\therefore\ c \subset b$

$ce = 0$
$be = 0$

$cb = 0$

A lógica simbólica foi inventada em meados do século XIX pelo matemático inglês George Boole. Na presente ilustracão, um silogismo é transposto para a notação de Boole, de duas maneiras diferentes. No grupo superior de fórmulas, o símbolo "$\subset$" significa "contido em". Assim "$c \subset e$" significa que a classe dos cavalheiros está incluída na classe das pessoas educadas. No grupo inferior de fórmulas, duas letras juntas significam a classe de coisas dotadas de ambas as características. Por exemplo, "be" significa a classe de indivíduos que são banqueiros e educados; e a equação "$be = 0$" quer dizer que esta classe não tem membros. Uma linha no alto de uma letra significa "não" ("e", por exemplo, significa não educado).

Outra linha de investigação, intimamente relacionada com o trabalho dos matemáticos do século XIX sobre os fundamentos da análise, veio associar-se ao programa de Boole.

Este novo desenvolvimento procurou apresentar a matemática pura como capítulo da lógica formal e recebeu uma corporificação clássica nos *Principia Mathematica* de Whitehead e Russell em 1910. Os matemáticos do século XIX foram bem-sucedidos no trabalho "aritmetizar" a álgebra e aquilo que se costumava chamar de "cálculo infinitesimal", provando que as várias noções empregadas na análise matemática são exclusivamente definidas em termos aritméticos (*i.e.*, em termos dos inteiros e das operações aritméticas a seu respeito). Por exemplo, em vez de aceitar o número imaginário $\sqrt{-1}$ como uma "entidade" algo misteriosa, esta passou a ser definida como um par ordenado de inteiros (0, 1) sobre os quais se realizam certas operações de "adição" e "multiplicação". Similarmente, o número irracional $\sqrt{2}$ foi definido como uma certa classe de números racionais – ou seja, a classe dos racionais cujo quadrado é menor do que 2. O que Russell (e, antes dele, o matemático alemão Gottlob Frege) tentou mostrar foi que *todas as noções aritméticas* são definíveis em ideias puramente lógicas e que todos os axiomas da aritmética são dedutíveis a partir de um pequeno número de proposições básicas que se podem comprovar como verdades puramente lógicas.

A título de ilustração: a nocão de *classe* pertence à lógica geral. Duas classes são definidas como "similares" se houver uma correspondência um a um entre seus membros, sendo a nocão de tal correspondência explicável em termos de outras idélas lógicas. Uma classe um único membro é chamada "classe unidade" (*e.g.* classe dos satélites do planeta Terra) e o número cardinal 1 pode ser definido como a classe de todas as classes similares a uma classe unidade. Podem-se dar definições, análogas de outros números cardinais; e as várias opções aritméticas, tais como adição e multiplicação são definíveis nas noções da lógica formal. Um enunciado aritmético, *e.g.*, "1 + 1 = 2" pode então ser apresentado como uma transcrição condensada de um enunciado que contém apenas expressões pertencentés à lógica geral: e é possível provar que tais enunciados puramente lógicos são dedutíveis de certos axiomas lógicos.

Assim os *Principia Mathematica* pareciam adiantar a solução final do problema da consistência dos sistemas matemáticos e, da aritmética em particular, pela redução do problema ao problema da consistência da própria lógica formal. Pois se os axiom as da aritmética são simplesmente transcrições de teoremas da lógica, a questão de saber se os axiomas são consistentes equivale à questão de saber se os axiomas fundamentais da lógica são consistentes.

A tese de Frege-Russell de que a matemática é apenas um capítulo da lógica não conquistou, por várias razões de pormenor, aceitação universal por parte dos matemáticos. Além disso, como foi notado, as antinomias da teoria de Cantor dos números transfinitos podem ser duplieadas dentro da própria lógica, a menos que precauções especiais sejam adotadas a fim de evitar este resultado. Mas serão as medidas adotadas nos *Principia Mathematica* a fim de flanquear as antinomias adequadas para excluir *todas* as formas de construções autocontraditórias? Não se pode afirmá-lo, naturalmente. Portanto, a redução de Frege--Russell da aritmética à lógica não proporciona resposta final do problema da consistência; na verdade, o problema simplesmente emerge de uma forma mais geral. Mas, sem considerar a validade da tese Frege-Russell, dois aspectos dos *Principia* provaram ser de valor inestirnável ao estudo ulterior da questão da consistência. Os *Principia* fornecem um sistema de notação especialmente compreensivo, por meio do qual todos os enunciados da matemática pura (e da aritmética em particular) são codificáveis de uma maneira padrão; e torna explícita a maioria das regras de inferência formal utilizadas nas demonstrações matemáticas (eventualmente, tais regras foram mais especificadas e completadas). Os *Principia*, em suma, criaram o instrumento essencial para investigar o sistema inteiro da aritmética como um cálculo não interpretado – isto é, como um sistema de símbolos sem significados cujas fórmulas (ou "cadeias") são combinadas e transformadas segundo regras estabelecidas de operação.

5. UM EXEMPLO DE UMA BEM-SUCEDIDA PROVA ABSOLUTA DE CONSISTÊNCIA

Devemos empreender agora a segunda tarefa mencionada no início da seção anterior e familiarizar-nos com um importante, embora facilmente entendível, exemplo de uma prova absoluta de consistência. Domminando a prova, o leitor estará em melhores condições de avaliar a significação do artigo de Gödel de 1931.

Esboçaremos a maneira pela qual se pode formalizar uma pequena porção dos *Principia*, a lógica elementar das proposições. Isto implica a conversão do sistema fragmentário em um cálculo de signos não interpretado. Desenvolveremos então uma prova absoluta de consistência.

A formalização processa-se em quatro etapas. Primeiro, prepara-se um catálogo completo dos signos a serem usados no cálculo. Estes são o seu vocabulário. Segundo, assentam-se as "Regras de Formação". Estas declaram quais das combinações dos signos do vocabulário são aceitáveis como "fórmulas" (de fato, como sentenças). Podemos considerar as regras como componentes da gramática do sistema. Terceiro, são estabelecidas as "Regras de Transformação". Elas descrevem a estrutura precisa das fórmulas a partir das quais são deriváveis outras fórmulas de dada estrutura. Estas regras são, com efeito, as regras de inferência. Finalmente, selecionam-se certas fórmulas como axiomas (ou como "fórmulas primitivas"). Elas servem de fundamento para o sistema inteiro. Utilizaremos a frase "teorema do sistema" para denotar qualquer fórmula derivável dos axiomas pela aplicaçãò sucessiva das Regras de Transformação. Designaremos por "prova" (ou "demonstração") formal uma sequência finita de fórmulas, cada uma das quais é um axioma ou pode ser derivada de fórmulas anteriores mediante as "Regras de Transformação[3].

Para a lógica das proposições (amiúde denominada cálculo sentencial) o vocabulário (ou lista de "signos elementares") é extremamente simples. Consiste de signos constantes e de variáveis. As variáveis podem ser substituídas por sentenças e são chamadas portanto "variáveis sentenciais". São as letras

$$'p', \text{ } 'q', \text{ } 'r', \text{ etc...}$$

Os signos constantes são ou "conectivos sentenciais"ou signos de pontuação. Os conectivos sentenciais são:

'~'   que é a abreviatura de 'não'
      (e é chamado de 'til'),
'∨'   que é a abreviatura de 'ou'
'⊃'   que é a abreviatura de 'se... então' e
'.'   que é a abreviatura de 'e'.

Os signos de pontuação são os parênteses aberto '(' e fechado ')' respectivamente.

As Regras de Formação são formadas de tal modo que combinações de signos elementares, que normalmente deveriam ter a forma de sentenças, são chamadas fórmulas.

---

3. Segue-se imediatamente que cumpre contar os axiomas entre os teoremas.

Também, cada variável sentencial conta como uma fórmula. Além do mais, se a letra 'S' está no lugar de uma fórmula, sua negação formal, ~ (S) é também uma fórmula. Similarmente, se S_1 e S_2 são fórmulas, também o serão $(S_1) \vee (S_2)$, $(S_1) \supset (S_2)$, e $(S_1) . (S_2)$. Cada uma das seguintes é uma fórmula: 'p', '~ (p)', '$(p) \supset (q)$', '$((q) \vee (r)) \supset (p)$'. Mas nem '$(p)$ $(\sim(q))$' nem '$((p) \supset (q))$ v' são fórmulas: a primeira não o é porque, enquanto '(p)' e '$(\sim q)$' são ambas fórmulas, não ocorre conectivo sentencial entre elas; tampouco a segunda o é, pois o conectivo '$\vee$' não é, como as Regras exigem, flanqueado tanto à direita como à esquerda por uma fórmula[4].

Duas Regras de Transformação são adotadas. Uma *Regra de Substituição* (para variáveis sentenciais), diz que de uma fórmula contendo variáveis sentenciais é sempre permissível derivar outra fórmula pela substituição uniforme de variáveis por fórmulas. Compreende-se que, quando se fazem substituições da variável por uma fórmula, cumpre efetuar a mesma substituição *toda vez que ocorrer* a variável. Por exemplo, na pressuposição de que '$p \supset p$' já foi estabelecida, podemos substituir a variável 'p' pela fórmula 'q', a fim conseguirmos '$q \supset q$'; ou podemos substituir pela fómula 'p v q' para ter '$(p \vee q) \supset (p \vee q)$'. Ora, se substituirmos 'p' por sentenças efetivas, podemos obter cada uma das seguintes a partir de '$p \supset p$': 'As rãs são barulhentas $\supset$ as rãs são barulhentas'; '(Os morcegos são cegos $\vee$ Os morcegos comem ratos) $\supset$ (Os morcegos são cegos $\vee$ Os morcegos comem ratos)'[5]. A segunda Regra de Transformação é a *Regra de Destacamento* (ou *Modus Ponens*). Esta

4. Onde não houver possibilidade de confusão, pode-se abandonar os sinais de pontuação (isto é, os parênteses). Assim, em vez de escrever '~ (p)' basta escrever '$\sim p$'; e em vez de '$(p) \supset (q)$', basta escrever simplesmente '$p \supset q$'.

5. De outro lado, suponha que a fórmula '$(p \supset q) \supset (\sim q \supset \sim p)$' já foi estabelecida e que se decida substituir a variável 'p' por 'r' e a variável 'q' por '$p \vee r$'. Não se pode, por meio desta substituição, obter a fórmula '$(r \supset (p \vee r)) \supset (\sim q \supset \sim r)$', porque se deixou de fazer a mesma substituição *toda* vez que a variável 'q' ocorreu. A substituição correta produz '$(r \supset (p \vee r)) \supset (\sim (p \vee r) \supset \sim r)$'.

regra afirma que de duas fórmulas tendo a forma S_1 e $S_1 \supset S_2$ é sempre permissível derivar a fórmula S_2. Por exemplo, das duas fórmulas '$p \vee {\sim} p$' e '$(p \vee {\sim} p) \supset (p \supset p)$' podemos derivar '$p \supset p$'.

Finalmente, os axiomas dos cálculos (essencialmente os dos *Principia*) são as seguintes quatro fórmulas:

1. $(p \vee p) \supset p$ ou, em linguagem comum, se ou p ou p, então p.

1. Se (ou Henrique VIII era um mal-educado ou Henrique VIII era um mal-educado) então Henrique VIII era um mal-educado

2. $p \supset (p \vee q)$ isto é, se p, então ou p ou q

2. Se a psicanálise está na moda, então (ou a psicanálise está na moda ou pós para dor de cabeça são vendidos a baixo preço).

3. $(p \vee q) \supset (q \vee p)$ isto é, se ou p ou q, então ou q ou p

3. Se (ou Emmanuel Kant era pontual ou Hollywood é corrupta), então (ou Hollywod é corrupta ou Emmanuel Kant era pontual).

4. $(p \supset q) \supset ((r \vee p) \supset ((r \vee p)$ isto é, se (se p então q) então (se (ou r ou p) então (ou r ou q))

4. Se (se os patos andam gingando então 5 é um número primo) então (se (ou Churchill bebe *brandy* ou os patos andam gingando) então (ou Churchill bebe *brandy* ou 5 é um número primo)).

Na coluna da esquerda enunciamos os axiomas, cada qual com uma tradução. Na coluna da direita, demos um exemplo de cada axioma. A canhestreza das traduções, especialmente no caso do axioma final, talvez ajude o leitor a compreender as vantagens de usar um simbolismo especial na lógica formal. Importa também observar que as ilustrações sem sentido utilizadas como exemplos de substituição para os axiomas e o fato de os consequentes não apresentarem qualquer relação significativa com os antecedentes nas sentenças condicionais, de modo algum afeta a validade das conexões lógicas afirmadas nos exemplos.

Cada um desses axiomas pode parecer "óbvio" e trivial. Não obstante, é possível derivar deles, por meio das Regras de Transformação enunciadas, uma classe infinitamente grande de teoremas que estão longe de serem óbvios ou triviais. Por exemplo, pode-se derivar a fórmula

'$((p \supset q) \supset ((r \supset s) \supset t)) \supset ((u \supset ((r \supset s) \supset t)) \supset ((p \supset u) \supset (s \supset t)))$'

como um teorema. Não estamos todavia interessados por ora, em derivar teoremas dos axiomas. Nossa meta é mostrar que este conjunto de axiomas não é contraditório, isto é, provar "absolutamente" que é *impossível* usando as Regras de Transformação derivar dos axiomas uma fórmula S juntamente com a sua negação formal ~ S.

Pois bem, sucede que '$p \supset (\sim p \supset q)$' (em palavras: 'se *p*, então se não-*p* então *q*') é um teorema no cálculo. (Aceitaremos isto como um fato sem apresentar a derivação). Suponham então que alguma fórmula S bem como sua contrária ~ S fossem dedutíveis a partir dos axiomas. Substituindo a variável '*p*' por S no teorema (como é permitido pela Regra de Substituição) e aplicando a Regra de Destacamento duas vezes, a fórmula '*q*' seria dedutível[6]. Mas, se a fórmula que consiste da variável '*q*' for demonstrável, segue-se de pronto que substituindo '*q*' por *toda e qualquer fórmula, toda e qualquer fórmula será dedutível a partir dos axiomas*. Assim, é claro que, se alguma fórmula S e sua contrária ~ S forem dedutíveis dos axiomas, toda fórmula seria dedutível. Em suma, se o cálculo não for consistente, toda fórmula é um teorema, o que equivale a dizer que se pode derivar qualquer fórmula de um conjunto contraditório de axiomas. Mas isto possui um inverso: ou seja, se nem toda fórmula é um teorema (isto é, se há pelo menos uma fórmula que não é derivável dos axiomas) então o cálculo é consistente. *A tarefa, portanto, é mostrar que há pelo menos uma fórmula que não se pode derivar dos axiomas.*

---

6. Substituindo '*p*' por S obtemos primeiro: $S \supset (\sim S \supset q)$. A partir disto, junto com S, que se pressupõe ser demonstrável, obtemos através da Regra de Destacamento: $\sim S \supset q$. Finalmente, uma vez que ~ S é suposto como demonstrável, empregando a Regra de Destacamento uma vez mais, obtemos: *q*.

Isto é feito pelo emprego do raciocínio metamatemático sobre o sistema à nossa frente. O procedimento real é elegante. Consiste em achar uma característica ou propriedade estrutural de fórmulas que satisfaça as seguintes três condições: 1. A propriedade deve ser comum a todos os quatro axiomas. (uma tal propriedade é a de conter não mais do que 25 signos elementares; esta propriedade, contudo, não satisfaz a condição subsequente). 2. A propriedade deve ser "hereditária" sob as Regras de Transformação – ou seja, se todos os axiomas possuem a propriedade, qualquer fórmula devidamente derivada delas, por meio das Regras de Transformação também deve possuí-la. Como toda fórmula assim derivada é, por definição, um teorema, esta condição, em essência, estipula que todo teorema deve ter a propriedade. 3. A propriedade não precisa pertencer a toda fórmula que se possa construir de acordo com as Regras de Formação do sistema – isto é, devemos procurar exibir pelo menos uma fórmula que não tenha a propriedade. Se formos bem-sucedidos nesta tarefa tríplice, disporemos de uma prova absoluta de consistência. O raciocínio corre um pouco assim: a propriedade hereditária é transmitida dos axiomas a todos os teoremas, mas se pudermos encontrar numa sucessão de signos que obedeça às exigências de serem uma fórmula no sistema e que, ainda assim, não possua a propriedade hereditária especificada, tal fórmula não pode ser um teorema. (Para colocar o assunto de outro modo, se uma descendência suspeita (fórmula) carece de um traço invariavelmente herdado dos antepassados (axiomas) ela não pode de fato descender deles (teorema).) Mas, se descobrirmos uma fórmula que não é um teorema, teremos estabelecido a consistência do sistema; pois, como observamos há pouco, se o sistema *não* fosse consistente, toda e qualquer fórmula seria derivável dos axiomas (isto é, *toda* e qualquer fórmula, seria um teorema). Em resumo, a apresentação de uma única fórmula sem a propriedade hereditária realiza o truque.

Identifiquemos uma propriedade da espécie exigida. Escolhemos a propriedade de ser uma "tautologia". Na linguagem comum, diz-se costumeiramente que uma declaração é tautológica se contiver uma redundância e disser a mesma coisa duas vezes com palavras diferentes – *e.g.*, 'João é o pai de Carlos e Carlos é o filho de João'. Na lógica, entretanto, define-se uma tautologia como um enunciado que não exclui possibilidades lógicas – *e.g.*, 'ou está chovendo ou não está chovendo'. Outra forma de colocar isto é afirmar que uma tautologia é "verdadeira em todos os mundos possíveis". Ninguém duvidará que independente do estado atual do tempo (*i.e.*, sem levar em consideração se o enunciado de que está chovendo é verdadeiro ou falso), o enunciado 'ou está chovendo ou não está chovendo' é *necessariamente verdadeiro*.

Empregamos esta noção para definir uma tautologia em nosso sistema. Observe, primeiro, que toda fórmula é construída de constituintes elementares 'p', 'q', 'r', etc. Uma fórmula é uma tautologia se for invariavelmente verdadeira, sem considerar se seus constituintes elementares são verdadeiros ou falsos. Assim, no primeiro axioma '$(p \lor p) \supset p$' o único constituinte elementar é 'p'; mas isso não faz diferença se 'p' for tomado como sendo verdadeiro ou como falso – nos dois casos o primeiro axioma é verdadeiro. Isto pode ser tornado mais evidente se substituirmos 'p' pelo enunciado "O Monte Rainier tem 20.000 pés de altura"; obtemos então, como um exemplo do primeiro axioma, a declaração 'Se ou o Monte Rainier tem 20.000 pés de altura, ou o Monte Rainier tem 20.000 pés de altura, então o Monte Rainier tem 20.000 pés de altura'. O leitor não terá dificuldades em reconhecer como verdadeiro este longo enunciado, mesmo se acontecesse dele não saber se o enunciado constituinte 'O Monte Rainier tem 20.000 pés de altura' é verdadeiro. Obviamente, então, o primeiro axioma é uma tautologia – "verdadeira em todos os mundos possíveis" Pode ser facilmente demonstrado que cada um dos outros axiomas é também uma tautologia.

Segue-se que é possível provar que a propriedade de ser uma tautologia é hereditária de acordo com as Regras de Transformação, embora não possamos nos desviar para dar a demonstração (Ver Apêndice, n. 3). Segue-se que toda fórmula devidamente derivada dos axiomas (*i.e.*, todo teorema) deve ser uma tautologia.

Mostrou-se que a propriedade de ser tautológica satisfaz duas das três condições antes mencionadas, e estamos prontos para o terceiro passo. Devemos procurar uma fórmula que pertença ao sistema (*i.e.*, seja construída com os signos mencionados no vocabulário, de acordo com as Regras de Formação), e todavia por não possuir a propriedade de ser uma tautologia não pode ser um teorema (*i.e.*, não pode ser derivada dos axiomas). Não precisamos procurar muito; é fácil apresentar semelhante fórmula. Por exemplo, '*p* v *q*' se ajusta às exigências. Pretende ser um gansinho e é na realidade um patinho; não pertence à família; é uma *fórmula*, mas *não é um teorema*. Evidentemente não é uma tautologia. Qualquer exemplo de substituição (ou interpretação) mostra-o imediatamente. Podemos fazê-lo substituindo as variáveis '*p* $\vee$ *q*' pelo enunciado 'Napoleão morreu de câncer ou Bismarck apreciou uma xícara de café'. Isto não é uma verdade lógica, porque seria falsa se as duas cláusulas que aí ocorrem fossem falsas; e, ainda que fosse um enunciado verdadeiro, não é verdadeiro independentemente da verdade ou falsidade de seus enunciados constituintes. (Ver Apêndice n. 3.)

Atingimos a nossa meta. Achamos pelo menos uma fórmula que não é um teorema. Uma tal fórmula não poderia ocorrer se os axiomas fossem contraditórios. Por conseguinte, não é possível derivar dos axiomas do cálculo sentencial tanto a fórmula quanto a sua negação. Em suma, apresentamos uma prova absoluta da consistência do sistema[7].

---

7. Talvez seja útil ao leitor a seguinte recapitulação da sequência:
   1. Todo axioma do sistema é uma tautologla.
   2. O caráter tautológico é uma propriedade hereditária.
   3. Toda fórmula devidamente derivada dos axiomas (isto é, todo teorema) também é uma tautologia.
   4. Portanto qualquer fórmula que não seja uma tautologia não é um teorema.
   5. Encontrou-se uma fórmula (*e. g.* '*p* v *q*') que não é uma tautologia.
   6. Esta fórmula não é pois um teorema.
   7. Mas, se os axiomas fossem inconsistentes, toda fórmula seria um teorema.
   8. Portanto os axiomas são consistentes.

Antes de abandonarmos o cálculo sentencial, devemos menção a um último ponto. Como todo teorema deste cálculo é uma tautologia, uma verdade da lógica, é natural perguntar se, inversamente, toda verdade lógica exprimível no vocabulário do cálculo (*i.e.*, toda tautologia) é também um teorema (*i.e.*, derivável dos axiomas). A resposta é sim, embora a prova seja demasiado longa para ser aqui estabelecida. A questão que nos preocupa resolver, entretanto, não depende de familiaridade com a prova. O problema é que, à luz desta conclusão, os axiomas são suficientes para gerar *todas* as fórmulas tautológicas – *todas* as verdades lógicas exprimíveis no sistema. Tais fórmulas são ditas "completas".

Pois bem, frequentemente, é de interesse primordial determinar se um sistema axiomatizado é completo. Na verdade, um motivo poderoso para a axiomatização de vários ramos da matemática tem sido o desejo de estabelecer um conjunto de pressuposições iniciais a partir das quais sejam dedutíveis todos os verdadeiros enunciados em algum campo de investigação . Quand o Euclides axiomatizou a geometria elementar, aparentemente selecionou os axiomas de tal modo a tornar possível derivar todas as verdades geométricas; isto é, aquelas que já haviam sido estabelecidas, bem como quaisquer outras que pudessem ser descobertas no futuro[8]. Até há pouco era tácito que se pode reunir um conjunto completo de axiomas para qualquer ramo dado da matemática. Em especial, os matemáticos acreditavam que o conjunto proposto para a aritmética no passado era realmente completo ou, na pior das hipóteses, poderia ser completado mediante o simples acréscimo de um número finito de axiomas à lista original. A descoberta de que isto não funcionará é uma das principais realizações de Gödel.

---

8. Euclides denotou notável discernimento ao considerar seu famoso axioma das paralelas como uma hipótese logicamente independente de seus outros axiomas. Pois, como foi subsequentemente provado, não é possível derivar este axioma das pressuposições remanescentes, de modo que sem ele o conjunto de axiomas é incompleto.

6. A IDÉIA DE MAPEAMEMENTO
E O SEU USO NA MATEMÁTICA

O cálculo sentencial é um exemplo de um sistema matemático onde são plenamente efetivados os objetivos da teoria
da prova de Hilbert. Para sermos precisos, este cálculo codi-
fica apenas um fragmento da lógica formal, e seu vocabulário e aparato formal não bastam para desenvolver sequer
a aritmética elementar. O programa de Hilbert, todavia,
não é tão limitado. Pode ser executado com sucesso nos
sistemas mais inclusivos, o que pode ser mostrado pelo
raciocínio metamatemático como sendo tanto consistente
quanto completo. À guisa de exemplo, uma prova absoluta
de consistência é disponível para um sistema de aritmética
que permita a *adição* de números cardinais embora não
permita a sua multiplicação. Mas será o método finitário
de Hilbert suficientemente poderoso para provar a consistência de um sistema tal como os *Principia*, cujo vocabulário e aparato lógico são adequados para exprimir toda a

55

aritmética e não apenas um fragmento? Tentativas repetidas para construir uma tal prova foram mal-sucedidas; e a publicação do artigo de Gödel em 1931 provou finalmente que todos estes esforços que operavam dentro dos estritos limites do programa original de Hilbert deveriam falhar.

Como Gödel estabeleceu e como ele provou seus resultados? Suas conclusões principais tem duas faces. Em primeiro lugar (embora esta não seja a ordem do argumento efetivo de Gödel) ele provou que é impossível fornecer uma prova metamatemática da consistência de um sistema suficientemente compreensivo para conter o todo da aritmética a menos que a própria prova empregue regras de inferência em certos aspectos essenciais diferentes das Regras de Transformação usadas na derivação de teoremas dentro do sistema. Uma tal prova pode, para sermos corretos, possuir grande valor e importância. Todavia, se o raciocínio aí utilizado basear-se em regras de inferência muito mais poderosas do que as regras do cálculo aritmético, de modo que a consistência das hipóteses no raciocínio esteja tão sujeita à dúvida quanto a consistência da aritmética, a prova conduzirá apenas a uma vitória ilusória: um dragão morto só para criar outro. Em qualquer evento, se a prova não for finitária, ela não realiza os objetivos do programa original de Hilbert; e o argumento de Gödel torna improvável que possa ser dada uma prova finitária da consistência da aritmética.

A segunda conclusão importante de Gödel é ainda mais surpreendente e revolucionária, pois demonstra uma limitação fundamental no poder do método axiomático. Gödel mostrou que os *Principia*, ou qualquer outro sistema dentro do qual a aritmética pode ser desenvolvida, é *essencialmente incompleto*. Em outras palavras, dado *qualquer* conjunto consistente de axiomas aritméticos, há enunciados aritméticos verdadeiros que não podem ser derivados do conjunto. Este ponto crucial merece ilustração. A matemática é rica em enunciados gerais para os quais não se encontrou exceções que têm frustrado em alto grau todas as tentativas de prova. É conhecida uma clássica ilustração como o

"Teorema de Goldbach" que estabelece que todo número par é a soma de dois números primos. Não se encontrou até agora nenhum número par que não seja a soma de dois números primos, contudo ninguém foi bem sucedido em encontrar uma prova de que a conjetura de Goldbach se aplica sem exceção a todos os números pares. Este então é um exemplo de um enunciado aritmético que pode ser verdadeiro, mas pode ser não derivável dos axiomas da aritmética. Suponha, agora, que a hipótese de Goldbach seja sem dúvida universalmente verdadeira, embora não derivável dos axiomas. E quanto à sugestão de que nesta eventualidade os axiomas pudessem ser modificados ou aumentados de modo a tornar os enunciados até agora não provados (com o de Goldbach em nossa suposição) deriváveis no sistema aumentado? Os resultados de Gödel provam que, mesmo que tal suposição fosse correta, a sugestão não proporcionaria ainda uma debelação final da dificuldade. Isto é, mesmo se os axiomas da aritmética fossem aumentados por um número indefinido de outros verdadeiros, haverá sempre ulteriores verdades aritméticas que não são formalmente deriváveis do conjunto aumentado[1].

Como Gödel provou estas conclusões? Até um certo ponto a estrutura de seu argumento é modelada, como ele próprio assinalou, conforme o raciocínio envolvido em uma das antinomias lógicas conhecida como o "Paradoxo Richard", primeiramente proposto pelo matemático francês, Jules Richard em 1905. Daremos um esboço deste paradoxo.

Considere uma língua (*e.g.*, o inglês) na qual as propriedades puramente aritméticas dos números cardinais possam ser formuladas e definidas. Examinemos as definições que podem ser prescritas na língua em questão. É claro que,

---

1. Essas verdades ulteriores podem, como veremos, ser estabelecidas por alguma forma de raciocínio metamatemático sobre um sistema aritmético. Mas tal procedimento não satisfaz a exigência de que o cálculo deve, por assim dizer, ser autosuficiente e que as verdades em questão devem ser apresentadas como consequências formais dos axiomas especificados dentro do sistema. Há, então, uma limitação inerente no método axiomático como o meio de sistematizar o todo da aritmética.

sob pena de circularidade ou de infinito regresso, alguns termos referentes às propriedades aritméticas não podem ser explicitamente definidos – pois não podemos definir tudo e devemos partir de algum lugar – embora possam, presumivelmente, ser compreendidos de algum outro jeito. Para os nossos propósitos não importa quais são os termos não definidos ou "primitivos"; podemos supor, por exemplo, que entendemos o que se pretende dizer com "um inteiro é divisível por outro", e "um inteiro é o produto de dois inteiros", e assim por diante. A propriedade de ser um número primo pode então ser definida por: "não divisível por qualquer outro inteiro senão o 1 e ele próprio"; a propriedade de ser um quadrado perfeito pode ser definida por: "ser o produto de algum inteiro por ele próprio"; e assim por diante.

Podemos ver prontamente que cada uma destas definições contém apenas um número finito de palavras e, portanto, apenas um número finito de letras do alfabeto. Sendo este o caso, as definições podem ser colocadas em ordem seriada: uma definição precederá outra se o número de letras da primeira for menor do que o número de letras da segunda; e, se duas definições possuírem o mesmo número de letras, uma delas precederá a outra com base na ordem alfabética das letras em cada uma das definições. Com base nesta ordem, um único inteiro corresponderá a cada definição e representará o número do lugar que a definição ocupa na série. Por exemplo, a definição com o menor número de letras corresponderá ao número 1, a próxima definição na série corresponderá ao 2, e assim por diante.

Como cada definição está associada com um único inteiro, pode acontecer em certos casos que um inteiro possuirá a propriedade genuína designada pela definição à qual o inteiro está relacionado[2]. Suponha, por exemplo, que a expressão definidora "não divisível por qualquer

---

2. Este é o mesmo tipo de coisa que aconteceria se a palavra inglesa *short* [curto] aparecesse numa lista de palavras e caracterizaríamos cada palavra da lista pelo rótulo *short* ou *long* [comprido]. A palavra *short* teria então o rótulo *short* ligado a ela.

58

outro inteiro senão 1 e ele próprio", estivesse relacionada ao número de ordem 17; obviamente o próprio 17 possui a propriedade designada pela expressão. Por outro lado, suponha que a expressão definidora – "ser o produto de algum inteiro por si próprio" – estivesse relacionada ao número de ordem 15; é claro que 15 não possui a propriedade designada pela expressão. Descreveremos a situação do segundo exemplo, afirmando que o número 15 possui a propriedade ser *richardianos* e, no primeiro exemplo, dizendo que o número 17 *não* tem a propriedade de ser *richardiano*. De um modo mais geral, definimos "x é richardiano, com o modo abreviado de formular" "x *não* possui a propriedade designada pela expressão definidora com a qual x está relacionado no conjunto seriadamente ordenado de definições".

Chegamos agora a um giro curioso mas característico no enunciado do Paradoxo de Richard. A expressão definidora da propriedade de ser richardiano descreve ostensivamente uma propriedade numérica dos inteiros. A própria expressão pertence, portanto, às séries de definições acima propostas. Segue-se que a expressão está relacionada com um inteiro fixador de posição ou número. Suponha ser n este número. Colocamos agora a questão que lembra a antinomia de Russell: É n richardiano? O leitor pode sem dúvida antecipar a contradição fatal que agora ameaça. Pois n é richardiano se, e somente se, n não possuir a propriedade designada pela expressão definidora à qual n se relacionaciona (*i.e.*, não tem a propriedade de ser richardiano). Em resumo, n é richardiano se, e somente se, n for não richardiano; logo o enunciado 'n é richardiano' é tanto verdadeiro como falso.

Devemos assinalar agora que a contradição é, em certo sentido, um embuste produzido por não se jogar a partida de modo inteiramente honesto. Uma hipótese essencial mas tácita subjacente à ordenação seriada de definições foi devidamente abandonada ao longo do caminho. Anuiu-se em considerar as definições das propriedades *puramente aritméticas* dos inteiros – propriedades que podem ser formuladas com a ajuda de noções tais como a adição, multiplicação, aritméticas e coisas semelhantes. Mas então, sem advertência, fomos solicitados a aceitar uma definição nas séries que envolve referência à *notação* utilizada na formulação de propriedades aritméticas. De modo mais específico, a definição da propriedade de ser richardiano, não pertence às séries a que foi inicialmente destinada, porque tal definição implica noções metamatemáticas tais como o número de letras (ou signos) que ocorre nas expressões. Podemos ladear o Paradoxo de Richard, distinguindo cuidadosamente entre enunciados *dentro* da aritmética (que não fazem referência a qualquer sistema de notação) e enunciados acerca de alguns sistemas de notação em que a aritmética é codificada.

O raciocínio na construção do Paradoxo de Richard é claramente falacioso. A construção, não obstante, sugere que talvez seja possível "mapear" ou "espelhar" enunciados metamatemáticos sobre um sistema formal suficientemente compreensivo no próprio sistema. A ideia de "mapear" é bem conhecida e desempenha papel fundamental em muitos ramos da matemática. É utilizada, naturalmente, na construção de mapas comuns onde formas situadas sobre a superfície de uma esfera são projetadas sobre um plano, de modo que as relações entre as figuras planas espelham as relações entre as figuras situadas sobre a superfície esférica. É usada em geometria com coordenadas, que traduz geometria em álgebra, de forma que relações geométricas são mapeadas por outras, algébricas. (O leitor há de lembrar a discussão no Cap. II, que explica como Hilbert empregou a álgebra para estabelecer a consistência de seus axiomas da geometria. O que Hilbert fez, com efeito, foi mapear a geometria sobre a álgebra.) O mapeamento também desempenha um papel na física matemática onde, por exemplo, relações entre propriedades de correntes elétricas são representadas na linguagem da hidrodinâmica. Também ocorre mapeamento quando se constrói um protótipo antes de lidar com uma máquina em tamanho normal, quando uma pequena superfície de asa é observada em suas propriedades aerodinâmicas num túnel de vento, ou quando um equipamento de laboratório composto de circuitos elétricos é aplicado ao estudo das relações entre grandes massas em movimento. Um notório exemplo visual aparece na Fig. 3, que. ilustra uma espécie de mapeamento que ocorre no ramo da matemática, conhecido como geometria projetiva.

A feição básica do mapeamento é que se pode provar que uma estrutura abstrata de relações incorporadas em um domínio de "objetos" também vale entre "objetos" (em geral de uma espécie diferente do primeiro conjunto) de outro domínio. Foi este aspecto que estimulou Gödel a construir a sua prova. Se complexos enunciados metamatemáticos sobre um sistema formalizado de aritmética pudessem, como ele esperava, se traduzidos (ou espelhados) por enunciados aritméticos dentro do próprio sistema, obter-se-ia um importante lucro facilitando demonstrações metamatemáticas. Pois assim como é mais fácil lidar com fórmulas algébricas que representam (ou espelham) intricadas relações geométricas, entre curvas e superfícies no espaço do que com as próprias relações geométricas do mesmo modo é mais fácil lidar com contrapartes aritméticas (ou "imagens especulares") de complexas relações lógicas, do que com as próprias relaçõe lógicas.

A exploração da noção de mapeamento é a chave do argumento no famoso artigo de Gödel. Seguindo o estilo do Paradoxo de Richard, mas evitando cuidadosamente a falácia envolvida em sua construção, Gödel mostrou que enunciados metamatemáticos *acerca* de un cálculo aritmético formalizado podem ser representados sem dúvida, por fórmulas aritméticas dentro do cálcula Como haveremos de explicar mais pormenorizadamente no próximo capítulo, ele imaginou um método de representação tal que nem a fórmula aritmética correspondente a un certo enunciado metamatemático verdadeiro acerca da fórmula, nem a fórmula aritmética correspondente à negação do enunciado, é demonstrável dentro do cálculo. Como uma destas fórmulas aritméticas deve codificar uma verdade aritmética, embora nenhuma seja derivável dos axiomas, os axiomas são incompletos. O método de Gödel de representação também lhe permitiu construir uma fórmula aritmética correspondente ao enunciado metamatemático 'O cálculo é consistente' e provar que esta fórmula não é demonstrável dentro do cálculo. Segue-se que o enunciado metamatemático não pode ser estabelecido a menos que sejam usadas regras de inferência que não podem ser representadas dentro do cálculo, de modo que, ao provar o enunciado, devem ser empregadas regras cuja própria consistência possa ser tão questionável quanto a consistência da própria aritmética. Gödel estabeleceu estas conclusões maiores usando uma forma notavelmente engenhosa de mapeamento.

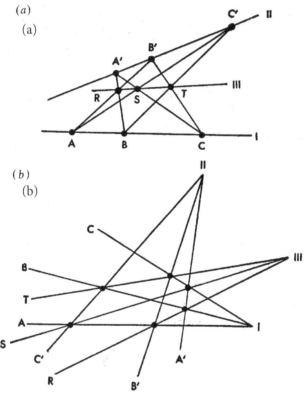

Fig. 3

Figura 3 (a) ilustra o Teorema de Pappus: Se A, B. C são três pontos quaisquer distintos sobre uma reta I, e A', B', C' outros três pontos quaisquer distintos sobre outra reta II, os três pontos R. S. T determinados pelo par de retas AB' e A'B, BC' e B'C, CA' e C'A, respectivamente, são colineares (i.e.,estão sobre a reta III).

Figura 3(b) ilustra o "dual" do teorema acima: Se-A, B. C são três retas quaisquer distintas que passam por um ponto I, e A', B', C' outras três retas distintas e quaisquer que passam por um ponto II, as três retas R. S. T deter minadas pelos pares de pontos AB' e A'B, BC'e B'C, CA'e C'A, respectivamente, sao copontuais (i.e., estão sobre o ponto III).

As duas figuras apresentam a mesma estrutura abstrata, embora na aparêntecia sejam marcadamente diferentes. A Figura 3(a) está tão relacionada à Figura 3(b) que pontos da pnmeira correspondem a retas da segunda enquanto retas da primeira correspondem a pontos da segunda. De fato, (b) é o mapa de (a): um ponto em (b) representa (ou é a "imagem especular" de) uma reta em (a), enquanto uma reta em (b) representa um ponto em (a).

7. A PROVA DE GÖDEL

O artigo de Gödel é difícil. É preciso assenhorar-se de 46 definições prévias juntamente com vários importantes teoremas preliminares, antes de alcançar os resultados principais. Tomaremos uma estrada bem mais fácil; ainda assim ela deverá fornecer ao leitor relances do ascenso e da estrutura de coroamento.

A. A Numeração de Gödel

Gödel descreveu um cálculo formalizado dentro do qual se pode expressar costumeiras notações aritméticas e estabelecer relações aritméticas familiares[1]. As fórmulas do cálculo são construídas a partir de uma classe de signos elementares,

---

1. Ele utilizou uma adaptação do sistema desenvolvido nos *Principia Mathematica*. Mas qualquer cálculo dentro do qual seja possível construir o sistema de números cardinais serviria ao seu propósito.

que constitui o vocabulário fundamental. Um conjunto de fórmulas primitivas (ou axiomas) constitui o suporte e os teoremas do cálculo são fórmulas deriváveis dos axiomas por meio de um conjunto cuidadosamente enumerado de Regras de Transformação (ou regras de inferência).

Gödel mostrou primeiro que é possível atribuir um *único número* a cada signo elementar, a cada fórmula (ou sequência de signos) e a cada prova (ou sequência finita de fórmulas). Este número, que serve de rótulo ou índice distintivo denomina-se "número de Gödel" do signo, fórmula ou prova[2].

Os signos elementares pertencentes ao vocabulário fundamental são de duas espécies: os signos constantes e as variáveis. Admitiremos que há exatamente 10 signos constantes[3], aos quais são atribuídos os inteiros de 1 a 10 como números de Gödel. A maioria destes signos já são do conhecimento do leitor '~' (abreviatura de 'não'); '∨' (abreviatura de 'ou'); '⊃' (abreviatura de 'se ...então...'), '=' (abreviatura para 'é igual'); 'o' (o numeral para o número zero); e três signos de pontuação, ou seja, o parêntese aberto '(' e o parêntese fechado ')', e a vírgula ','. Em acréscimo, dois outros signos serão usados: a letra invertida '∃', a qual pode ser lida como 'existe' ['há'] e que ocorre em 'quantificadores existenciais'; e a caixa-baixa 's', que está ligada a expressões numéricas para designar o sucessor imediato de um número. Para ilustrar o caso: a fórmula '($\exists x$) ($x =$ so)' pode ser lida "Existe um x tal que x é o sucessor imediato de o". A tabela abaixo exibe os 10 signos constantes, estabelece o número de Gödel associado a cada um deles e indica os significados usuais dos signos.

2. Há muitos modos alternativos de atribuir números de Gödel e não é importante para o argumento principal qual deles é adotado. Damos um exemplo concreto de como é possível consignar os números para ajudar o leitor a seguir a discussão. O método da numeração usado no texto foi empregado por Gödel em seu artigo de 1931.

3. O número de signos constantes depende de como é montado o cálculo formal. Gödel em seu artigo usou apenas 7 signos constantes. O texto utiliza 10, a fim de evitar certas complexidades na exposição.

TABELA 2

Signos Constantes	Número de Gödel	Significado
~	1	não
∨	2	ou
⊃	3	Se... então...
∃	4	Existe um
=	5	é igual
o	6	zero
s	7	O sucessor imediato
(	8	de marca de pontuação
)	9	marca de pontuação
,	10	marca de pontuação

Ao lado dos signos constantes elementares, três tipos de variáveis aparecem no vocabulário fundamental do cálculo: as *variáveis numéricas* 'x', 'y', 'z' etc., que podem ser substituídas por numerais e expressões numéricas; as *variáveis sentenciais* 'p', 'q', 'r' etc., que podem ser substituídas por fórmulas (sentenças); e *variáveis predicativas* 'P', 'Q', 'R' etc., que podem ser substituídas por predicados tais como 'Primo' ou 'Maior do que'. Às variáveis são atribuídas números de Gödel de acordo com as seguintes regras: associem (i) a cada variável numérica distinta um número primo distinto maior do que 10; (ii) a cada variável sentencial distinta, o quadrado de um número primo maior do que 10 e (iii) a cada variável predicativa, o cubo de um número primo maior do que 10. A tabela que segue exemplifica o uso de tais regras para especificar os números de Gödel de algumas poucas variáveis.

TABELA 3

Variável Numérica	Número de Gödel	Exemplo de uma Possível Substituição
x	11	0
y	13	so
z	17	y

A variáveis numéricas estão associadas a números primos maiores do que 10.

Variável Sentencial	Número de Gödel	Exemplo de uma Possível Substituição
p	11^2	$0 = 0$
q	13^2	$(\exists x)\,(x = sy)$
r	17^2	$p \supset q$

As variáveis sentenciais estão associadas aos quadrados de números primos maiores que 10.

Variável Predicativa	Número de Gödel	Exemplo de uma Possível Substituição
P	11^3	Primo
Q	13^3	Composto
R	17^3	Maior do que

As variáveis predicativas estão associadas aos cubos de números primos maiores do que 10.

Considerem em seguida uma fórmula do sistema, por exemplo, '$(\exists x)\,(x = sy)$' (Traduzida literalmente isto quer dizer: "Existe um x tal que x é o sucessor imediato de y", e afirma, com efeito, que todo número tem um sucessor imediato). Os números associados aos seus dez signos elementares constituintes são, respectivamente 8, 4, 11, 9, 8, 11, 5, 7, 13, 9. Mostramos isso esquematicamente abaixo:

$$(\quad \exists \quad x \quad) \quad (\quad x \quad = \quad s \quad y \quad)$$
$$\downarrow \ \downarrow \ \downarrow \ \downarrow \ \downarrow \ \downarrow \ \downarrow \ \downarrow \ \downarrow \ \downarrow$$
$$8 \quad 4 \quad 11 \quad 9 \quad 8 \quad 11 \quad 5 \quad 7 \quad 13 \quad 9$$

É desejável, entretanto, atribuir um único número à fórmula mais do que um conjunto de números. Isto pode ser feito facilmente. Concordamos em associar à fórmula o único número que é o produto dos primeiros dez primos em ordem de grandeza. sendo cada número primo elevado a uma potência igual ao número de Gödel do correspondente signo elementar. A fórmula acima é de acordo com isso associada ao número

$$2^8 \times 3^4 \times 5^{11} \times 7^9 \times 11^8 \times 13^{11} \times 17^5 \times 19^7 \times 23^{13} \times 29^9;$$

chamemos este número *m*. De maneira similar, um único número, o produto de tantos números primos quantos signos existem (sendo cada número primo elevado a uma potência igual ao número de Gödel do signo correspondente), pode ser atribuído à toda sequência finita de signos elementares, e, em particular, a toda fórmula[4].

Considerem, finalmente, uma sequência de fórmulas tais como pode ocorrer em alguma prova, *e.g.* a sequência:

$$(\exists x) \ (x = sy)$$
$$(\exists x) \ (x = so)$$

A segunda fórmula quando traduzida reza: 'o tem um sucessor imediato'; é derivável da primeira substituindo-se a variável numérica '*y*' pelo numeral 'o'[5]. Já determinamos o número de Gödel da primeira fórmula: é *m*; e suponhamos que *n* seja o número de Gödel da segunda fórmula. Como antes, convém ter um único número como rótulo para a sequência. Concordamos portanto em associar a ela

---

4. No cálculo podem ocorrer signos que não aparecem no vocabulário fundamental; eles são introduzidos quando os definimos com a ajuda de signos vocabulares. Por exemplo, o signo '.', o conectivo sentencial usado como abreviatura de 'e', pode ser definido no contexto como segue: '*p . q*' é uma abreviatura de '~ (~ *p* ∨ ~ *q*)'. Que número de Gödel está consignado a um signo definido? A resposta é óbvia se percebemos que é possível eliminar expressões contendo signos definidos em favor de seus equivalentes definidores; e é claro que se pode determinar um número de Gödel para expressões transformadas. Por conseguinte, o numero de Gödel da fórmula '*p q*' é o numero de Gödel da fórmula '~ (*p* ∨ ~ *q*)'. Similarmente, é possível introduzir vários numerais por meio de definições como as seguintes: ' I ' como abreviatura de 'so', '2' e como abreviatura de 'sso', '3' como abreviatura de 'ssso' e assim por diante. A fim de obter o número de Gödel para a fórmula '~ (2 = 3)', eliminamos os signos definidos, obtendo assim a fórmula, '~ (ss0 = sss0)' e determinamos o seu número de Gödel seguindo as regras estabelecidas no texto.

5. O leitor há de lembrar que definimos uma prova como uma sequência finita de fórmulas, cada uma das quais é ou um axioma ou pode ser derivada de fórmulas precedentes na sequência com a ajuda de Regras de Transformação. Por esta definição, a sequência acima não é uma prova, uma vez que a primeira fórmula não é um axioma e sua derivação a partir dos axiomas não está demonstrada: a sequência é apenas um segmento de uma prova. Seria demasiado longo apresentar por extenso um exemplo completo de uma prova e para fins ilustrativos a sequência acima bastará.

o número que é o produto dos dois primeiros números primos em ordem de grandeza (*i.e.*, os primos 2 e 3), sendo cada primo elevado a uma potência igual ao número de Gödel da fórmula correspondente na sequência. Se chamarmos este número k, poderemos escrever $k = 2^m \times 3^n$ Aplicando este procedimento compacto, podemos conseguir um número para cada sequência de fórmulas. Em suma, a cada expressão no sistema, seja um signo elementar, uma sequência de signos ou uma sequência de sequências, podemos atribuir um único número de Gödel.

O que se fez até agora foi estabelecer um método para a completa "aritmetização" do cálculo formal. O método é essencialmente um conjunto de diretrizes para erigir correspondências um a um entre as expressões no cálculo e um certo subconjunto dos inteiros[6]. Dada uma expressão, pode-se calcular o número de Gödel que corresponde unicamente a ela. Mas isto só é a metade da história. Dado um número, podemos determinar se é um número de Gödel e, se o for, a expressão que representa pode ser exatamente analisada ou "recuperada". Se um dado número é menor ou igual a 10, ele é o número de Gödel de um signo constante elementar. O signo é identificável. Se o número for maior do que 10, pode-se decompô-lo em seus fatores primos de uma só maneira (como sabemos a partir de um famoso teorema da aritmética)[7]. Se for um primo maior

6. Nem todo inteiro é um número de Gödel. Considere, por exemplo, o número 100. 100 é maior do que 10 e, portanto, não pode ser um número de Gödel de um signo constante elementar; e uma vez que não é nem um número primo maior do que dez, nem o quadrado, nem o cubo de um tal primo, não pode ser o número de Gödel de uma variável. Decompondo 100 em seus fatores primos, verificamos que é igual a $2^2 \times 5^2$; e o número primo 3 não aparece como um fator na decomposição, mas é saltado. De acordo com as regras assentadas, porém, o número de Gödel de uma fórmula (ou de uma sequência de fórmulas) deve ser o produto de primos *sucessivos* cada qual elevado a alguma potência. O número 100 não satisfaz esta condição. Em suma, 100 não pode ser atribuído a signos constantes, variáveis ou fórmulas; portanto, não e um número de Gödel.

7. Este teorema é conhecido como o teorema fundamental da aritmética. Ele afirma que se um inteiro é composto (*i.e.* não é primo) ele possui uma única decomposição em fatores primos.

do que 10 ou a segunda ou a terceira potência de um tal primo, ele é o número de Gödel de uma variável identificável. Se for o produto de primos sucessivos, cada qual elevado a uma certa potencia, pode ser o número de Gödel quer de uma fórmula, quer de uma sequência de fórmulas. Neste caso, pode-se determinar exatamente a expressão à qual corresponde. Seguindo este programa, podemos pôr de lado qualquer número dado, como se fosse uma máquina, descobrir como é construído, e o que entra nele; e como cada um de seus elementos corresponde a um elemento da expressão que representa, podemos reconstituir a expressão, analisar a sua estrutura e coisa similar. A tabela 4 exemplifica, para um dado número, como podemos certificar-nos se é um número de Gödel e, neste caso, que expressão simboliza.

TABELA 4

A	243.000.000
B	64 x 243 x 15.625
C	2^6 x 3^5 x 5^6
D	$\begin{matrix} 6 & 5 & 6 \\ \downarrow & \downarrow & \downarrow \\ 0 & = & 0 \end{matrix}$
E	0 = 0

A fórmula aritmética "0 = 0" tem o seguinte número de Gödel 243.000.000. Lendo de A até E de cima para baixo, o exemplo mostra como o número é traduzido na expressão que representa. Lendo de baixo para cima, de E até A, vemos como da fórmula derivamos o número.

B. A Aritmetização de Metamatemáticas

O passo seguinte de Gödel é uma engenhosa aplicação de mapeamento. Ele mostrou que todos os enunciados metamatemáticos sobre as propriedades estruturais de expressões no cálculo podem ser adequadamente *espelhadas* dentro do próprio cálculo. A ideia básica subjacente ao seu procedimento é a seguinte: uma vez que toda expressão no cálculo está associada a um número (Gödel), um enunciado metamatemático sobre expressões e suas relações umas com as outras, pode ser construído como um enunciado sobre os correspondentes números (Gödel) e suas relações aritméticas umas com as outras. Desta maneira, a metamatemática torna-se completamente "aritmetizada". Para tomar um análogo trivial: os fregueses de um movimentado supermercado recebem com frequência, quando entram, cartões nos quais se acham impressos números cuja ordem determina a ordem em que os clientes são esperados no balcão de carne. Inspecionando os números, é fácil dizer quantas pessoas foram servidas, quantas estão esperando, quem precede quem, e por quantos fregueses e assim por diante. Se, por exemplo, a Sra. Smith tem o cartão número 37 e a Sra. Brown o de número 53, em vez de explicar à Sra. Brown que ela tem de esperar a vez, depois da Sra. Smith, basta indicar que 37 é menor que 53.

O que sucede no supermercado sucede na metamatemática. Cada enunciado metamatemático é representado por uma única fórmula dentro da aritmética e as relações de dependência lógica entre enunciados metamatemáticos se refletem plenamente nas relações numéricas de dependência entre suas correspondentes fórmulas aritméticas. Uma vez mais, o mapeamento facilita a investigação da estrutura. A exploração de questões metamatemáticas pode ser desenvolvida mediante a investigação das propriedades aritméticas e relações de certos inteiros.

Ilustramos estas observações gerais com um exemplo elementar. Considerem o primeiro axioma do cálculo sentencial que é também um axioma no sistema formal em discussão: '$(p \vee p) \supset p$'. Seu número de Gödel é $2^8 \times 3^{11^2} \times 5^2 \times 7^{11^2} \times 11^9 \times 13^3 \times 17^{11^2}$, que designaremos com a letra 'a'. Considerem também a fórmula: '$(p \vee p)$', cujo número de Gödel é $2^8 \times 3^{11^2} \times 5^2 \times 7^{11^2} \times 11^9$; designa-la-emos com a letra 'b'. Estabelecemos agora o enunciado metamatemático de que a fórmula '$(p \vee p)$' é uma parte inicial do axioma. A que fórmula aritmética no sistema formal corresponde este enunciado? É evidente que a menor fórmula '$(p \lor p)$' pode ser uma parte inicial da fórmula maior que é o axioma se, e somente, se o número (Gödel) b, que representa a primeira, for um fator do número (Gödel) a que representa a segunda. Na pressuposição de que a expressão 'fator de' é adequadamente definida no sistema aritmético formalizado, a fórmula aritmética que corresponde unicamente ao enunciado metamatemático acima é: 'b é um fator de a'. Além disso, se a fórmula for verdadeira, i.e., se b for um fator de a, então será verdade que '$(p \lor p)$' é uma parte inicial de '$(p \lor p) \supset p$'.

Fixemos a nossa atenção no enunciado metamatemático: "a sequência de fórmulas com o número Gödel x é uma prova da fórmula com o número Gödel z". Este enunciado é representado (*espelhado*) por uma fórmula definida no cálculo aritmético que expressa *uma relação puramente aritmética* entre x e z. (Podemos conseguir certa noção da complexidade desta relação, relembrando o exemplo usado acima em que o número de Gödel $k = 2^m \times 3^n$, foi atribuído à (ao fragmento de uma) prova cuja conclusão tem o número de Gödel n. Uma pequena reflexão indica que aqui se apresenta uma relação aritmética definida, embora de maneira alguma simples, entre k, o número de Gödel da prova, e n, o número de Gödel da conclusão.) Escrevemos esta relação entre x e z como a fórmula 'Dem (x, z)' a fim de nos lembrarmos do enunciado metamatemático ao qual corresponde (i.e., do enunciado metamatemático 'A sequência de fórmulas com o número de Gödel x é uma prova (ou demonstração) da fórmula com o número de Gödel z')[8]. Pedimos agora ao leitor para observar que um enunciado metamatemático segundo o qual uma certa sequência de

---

8. O leitor deve ter claramente em mente que embora 'Dem (x, z)' represente o enunciado metamatemático, a própria fórmula pertence ao cálculo aritmético. A fórmula poderia ser escrita em notação mais habitual como '$f(x, z) = 0$', onde a letra 'f' denota um conjunto complexo de operações aritméticas sobre números. Mas esta notação mais habitual não sugere imediatamente a interpretação metamatemática da fórmula.

fórmulas é uma prova para uma dada fórmula é *verdadeiro*, se, e somente se, o número de Gödel da pretensa prova está para o número de Gödel da conclusão na relação aritmética aqui designada por 'Dem'. Consequenteme para firmar a verdade ou falsidade do enunciado metamatemático em discussão, precisamos preocupar-nos apenas com a questão de saber se a relação Dem entre dois números. Inversamente, podemos estabelecer que a relação aritmética vale entre um par de números, mostrando que o enunciado metamatemático espelhado por esta relação entre os números é verdadeiro. De modo análogo, o enunciado metamatemático, 'A sequência de fórmulas com o número de Gödel x *não* é uma prova para a fórmula com o número de Gödel z', é representado por uma fórmula definida no sistema aritmético formalizado. Esta fórmula é o contraditório formal de 'Dem (x, z)', ou seja, '~ Dem (x, z)'.

É necessário um pouco mais de notação especial para estabelecer o ponto crucial do argumento de Gödel. Comecemos por um exemplo. A fórmula '$(\exists x)$ $(x = sy)$' tem como número de Gödel m (v. pp. 66, 67), enquanto a variável 'y' tem o número de Gödel 13. Substituamos nesta fórmula a variável (*i.e.*, 'y'), com o número de Gödel 13, pelo numeral correspondente a m. O resultado é a fórmula '$(\exists x)$ $(x = sm)$', que diz literalmente que há um número x tal que x é o sucessor imediato de m. Esta última fórmula tem um número de Gödel, que pode ser calculado com muita facilidade. Mas em vez de efetuar o cálculo, podemos identificar o número por uma caracterização metamatemática inambígua: trata-se do número de Gödel da fórmula obtida a partir da fórmula com o número de Gödel m, substituindo-se a variável com o númeral de Gödel 13 pelo numeral correspondente a m. Esta caracterização metamatemática somente determina um número definido que é uma certa função aritmética dos números m e 13, onde a própria função pode ser expressa dentro do sistema formalizado[9].

9. Esta função é positivamente complexa. Quão complexa é, evidencia--se se tentarmos formulá-la com maior detalhe. Tentemos semelhante ▶

Pode-se portanto designar o número *dentro* do cálculo. Escrever-se-á esta designação como 'sub (*m*, 13, *m*)', sendo o propósito desta forma recordar a caracterização metamatemática que ela representa, isto é, "o número de Gödel da fórmula obtida a partir da fórmula com o número de Gödel *m*, substituindo-se a variável com o número de Gödel 13 pelo numeral correspondente a *m*". Podemos abandonar agora o exemplo e generalizar. O leitor verá prontamente que a expressão 'sub (*y*, 13, *y*)' é a imagem especular *dentro* do cálculo aritmético formalizado da caracterização metamatemática: "o número de Gödel da fórmula que é obtida

▷ formulação sem levá-la ao amargo fim. Mostramos nas pp. 66 e 67 que *m*, o número de Gödel de '(∃*x*) (*x* = *sy*)', é

$$2^8 \times 3^4 \times 5^{11} \times 7^9 \times 11^8 \times 13^{11} \times 17^5 \times 19^7 \times 23^{13} \times 29^9.$$

Para achar o número de Gödel de '(∃*x*) (*x* = *sm*)' (fórmula obtida da anterior substituindo-se a variável '*y*' na última, pelo numeral correspondente a *m*) procedemos como segue: Esta fórmula contém o numeral '*m*', que é um signo *definido*, e, de acordo com o teor da nota 4, *m* deve ser trocado por seu definidor equivalente. Feito isto, obtemos a fórmula:

$$(\exists x)\ (x = sssss \ldots so)$$

onde a letra 's' ocorre *m* + 1 vezes. Esta fórmula contém apenas os signos elementares pertencentes ao vocabulário fundamental, de modo que é possível calcular o seu número de Gödel. Para fazê-lo, obtemos primeiro a série de números de Gödel associada aos signos elementares da fórmula:

$$8, 4, 11, 9, 8, 11, 5, 7, 7, 7, \ldots, 7, 6, 9$$

em que o número 7 ocorre *m* + 1 vezes. Tomamos em seguida o produto dos primeiros *m* + 10 primos em ordem de grandeza, sendo cada primo elevado a uma potência igual ao número de Gödel do correspondente signo elementar. Designemos este número por *r*, de modo que

$$r = 2^8 \times 3^4 \times 5^{11} \times 7^9 \times 11^8 \times 13^{11} \times 17^5 \times 19^7 \times 23^7 \times 29^7 \times 31^7 \times \ldots \times p^9{}_{m+10}$$

onde p_{m+10} é o (*m* + 10)-ésimo primo na ordem de grandeza.

Comparemos agora os dois números de Gödel *m* e *r*. *m* contém um fator primo *elevado à potência* 13; *r* contém todos os fatores primos de *m* e muitos outros também, *mas nenhum dele é elevado à potência* 13. O número *r* pode ser assim obtido a partir do número *m*, substituindo-se o fator primo em *m* que está elevado à potência 13, por outros primos elevados a alguma potência diferente de 13. Não é possível estabelecer exatamente e com todo pormenor como *r* se relaciona a *m* sem introduzir um bocado de notações adicionais. Isto é feito no artigo original de Gödel. Mas já foi dito o suficiente para indicar que *r* é uma função aritmética definida de *m* e 13.

a partir da fórmula com o número de Gödel *y*, substituin-do-se a variável com o número de Gödel 13, pelo numeral correspondente a *y*". Ele notará também que quando '*y*' em 'sub (*y*, 13, *y*)' for substituído por um numeral definido – por exemplo, pelo numeral correspondente a *m* ou o nume-ral correspondente a duzentos e quarenta e três milhões – a expressão resultante designa um inteiro definido que é o número Gödel de uma certa fórmula[10].

C. *O Cerne do Argumento de Gödel*

Finalmente, estamos equipados para seguir as linhas do argumento principal de Gödel. Começaremos por enume-rar de um modo geral os passos, de maneira que o leitor possa ter uma vista da sequência.

---

10. Podem ocorrer ao leitor varias questões que necessitam de resposta. É possível perguntar por que, na caracterização metamatemática há pouco mencicionada, dizemos que é "o numeral correspondente a *y*" que deve substituir uma certa variável e não "*o número y*". A resposta depende da diferença já discutida entre matemática e metamatemática, e exige uma breve elucidação da distinção entre números e numerais. Um *numeral* é um *signo*, uma expressão linguística que podemos grafar, apagar, copiar e assim por diante. Um *número*, de outro lado, é algo que um numeral *nomeia* ou *designa* e que não pode ser literalmente *grafado*, *apagado*, *copiado* e assim por diante. Assim, dizemos que 10 é o *número* de nossos dedos e ao fazer este enunciado estamos atribuindo uma certa "proprie-dade" à classe de nossos dedos; mas seria evidentemente absurdo dizer que esta propriedade é um numeral. Mais uma vez, o número 10 é deno-minado pelo numeral arábico '10', bem como pela letra romana 'X'; estes nomes são diferentes embora nomeiem o mesmo número. Em suma, quando fazemos uma substituição de uma variável numérica (que e uma letra ou signo) estamos colocando um signo em lugar de outro signo. Não podemos, literalmente, substituir um signo por um número, porque um número é uma propriedade de classes (e diz-se, por vezes, que é um con-ceito) e não algo que possamos pôr no papel. Segue-se que, ao substituir uma variável numérica, podemos substituí-la apenas por um numeral (ou alguma outra expressão numérica tal como 'sO' ou '7 + 5'), e não por um número. Isto explica porque na caracterização metamatemática acima, estabelecemos que estamos substituindo a variável pelo *numeral* corres-pondente a (ao número) *y*, e não pelo próprio *número y*. ▶

Gödel mostrou (i) como construir uma fórmula aritmética G que represente o enunciado metamamático: "A fórmula G não é demonstrável". Esta fórmula G afirma assim ostensivamente por *si própria* que não é demonstrável. Até certo ponto, G é construído de modo análogo ao Paradoxo de Richard. No Paradoxo a expressão "richardiano" está associada a um certo número *n*, construindo-se assim a sentença "*n* é richardiano". No argumento de Gödel, a fórmula G está também associada a um certo número *h*, e é construída de tal maneira que corresponda ao enunciado: "A fórmula com o número associado *h* é não demonstrável". Mas (ii) Gödel também mostrou que G é demonstrável se, e somente se, sua negação formal ~ G for demonstrável. Este passo na argumentação é mais uma vez análogo a um passo no Paradoxo de Richard, no qual se provou que *n* é richardiano se, e somente se *n* não for richardiano. Entretanto, se a fórmula e

▷   O leitor gostaria de saber qual é o número designado por 'sub (*y*, 13, *y*)' se a fórmula cujo número de Gödel é *y* sucede não conter a variável com número de Gödel 13 – isto é, se a fórmula não contém a variável '*y*'. Assim, sub (243.000.000, 13, 243.000.000) e o número de Gödel da fórmula obtida a partir da fórmula com número de Gödel 243.000.000 substituindo-se a variável '*y*' pelo numeral '243.000.000'. Mas se o leitor consultar a Tabela 4, verificará que 243.000.000 é o número de Gödel da fórmula 'o = o', que não contém a variável '*y*'. O que é, então, a fórmula que é obtida de 'o = o', substituindo-se a variável '*y*' pelo numeral correspondente ao número 243.000.000? A simples resposta é que, como 'o = o' não contém esta variável, nenhuma substituição pode ser efetuada – ou, o que dá no mesmo, que a fórmula obtida de 'o = o' é exatamente a *mesma* fórmula. Consequentemente o número designado por 'sub (243.000.000, 13, 243.000.000)' e 243.000.000.

O leitor pode também sentir-se desafiado com 'sub (*y*, 13, *y*)' ser uma *fórmula* dentro do sistema aritmético no mesmo sentido que, por exemplo, '($\exists x$) (*x* = *sy*)', 'o = o', e 'Dem (*x*, *z*)' são fórmulas. A resposta é não, pela seguinte razão. A expressão 'o = o' é chamada uma fórmula porque estabelece a uma relação entre dois números, e assim é capaz da atribuir, de modo significante, falsidade ou veracidade a ela. Similarmente, quando substituímos as variáveis de 'Dem (*x*, *z*)' por numerais definidos, esta expressão formula uma relação entre dois numeros, e torna-se assim um enunciado que é ou verdadeiro ou falso. Vale o mesmo para '($\exists x$) (*x* = *sy*)'. Por outro lado, até quando se substitui '*y*' em 'sub (*y*, 13, *y*)' por um numeral definido, a expressão resultante não *assevera* nada e, portanto, a sua própria negação forem ambas formalmente demonstráveis, o cálculo; aritmético não será consistente. Consequentemente, se o cálculo for consistente, nem G nem ~ G são formalmente deriváveis dos axiomas da aritmética. Portanto, se a aritmética for consistente, G será uma fórmula formalmente indecidível. Gödel provou então (*iii*) que, embora G não seja formalmente demonstrável, ela é não obstante, uma *verdadeira* fórmula aritmética. Ela é verdadeira no sentido de que assevera que todo inteiro possui uma certa propriedade aritmética, que pode exatamente definida e apresentada porque não importa qual inteiro seja examinado. (iv) Como G é tanto verdadeira como formalmente indecidível, os axiomas da aritmética são *incompletos*. Em outros termos, não podemos deduzir todas as verdades aritméticas a partir dos axiomas. Além disso, Gödel estabeleceu que a aritmética é *essencialmente* incompleta; mesmo que sejam admitidos axiomas adicionais de modo que a fórmula verdadeira G possa ser formalmente derivada do conjunto aumentado, poder-se-ia construir outra fórmula verdadeira porém formalmente indecidível. (v) A seguir, Gödel descreveu como

▶ não pode ser nem a verdadeira nem falsa. Ela *designa* ou *nomeia* simplesmente um número, descrevendo-o como uma certa *função* de outros números. A diferença entre uma *fórmula* (que constitui de fato um enunciado acerca de números, e por isso é ou verdadeiro ou falso) e uma *função-nome* (que é de fato um nome que identifica um número e é por isso nem verdadeira, nem falsa) pode ser esclarecida por alguns exemplos. '5 = 3' é uma fórmula que, embora falsa, declara que dois números 5 e 3 são iguais; '$5^2 = 4^2 + 3^2$' é também uma fórmula que assevera que subsiste uma relação definida entre os três números 5, 4 e 3; e, de modo mais geral, '$y = f(x)$' é uma fórmula que afirma que vale uma certa relação entre números não especificados x e y. Por outro lado, a expressão '2 + 3' expressa uma função de dois números 2 e 3, e portanto nomeia um certo número (de fato, o número 5); não é uma fórmula, pois não teria sentido perguntar se '2 + 3' é verdadeira ou falsa. '(7 x 5)+ 8' expressa outra função de três números 5, 7 e 8 e designa o número 43. E, de modo mais geral, '$f(x)$' expressa uma função de x e identifica um certo número quando x é substituído por um numeral definido e quando é dado um significado definido à função-signo 'f'. Em resumo, enquanto 'Dem (x, z)' é uma fórmula porque tem a *forma de um enunciado* acerca de números, 'sub $(y, 13, y)$' não e uma fórmula porque possui apenas a *forma de um nome* para números.

construir uma fórmula aritmética A que representasse o enunciado metamatemático: "A aritmética é consistente"; e ele provou que a fórmula "A ⊃ G." é formalmente demonstrável. Finalmente, provou que a fórmula A é não demonstrável. Segue-se daí que a consistência da aritmética não pode ser estabelecida por um argumento capaz de ser representado no cálculo aritmético formal.

Agora, vamos dar de modo mais pleno a substância da argumentação:

(i) A fórmula '~ Dem (x, z)' já foi identificada. Representa dentro da aritmética formalizada o enunciado metamatemático: "A sequência de fórmulas com o número de Gödel x não é uma prova para a fórmula com o número de Gödel z". O prefixo '(x)' é agora introduzido dentro da fórmula Dem. Este prefixo perfaz a mesma função no sistema formalizado que a sentença 'Para cada x'. Anexando-se este prefixo, temos uma nova fórmula: '(x) ~ Dem (x, z)', que repre senta dentro da aritmética o enunciado metamatemático: 'Para cada x, a sequência de fórmulas com o número de Gödel x não é uma prova para a fórmula com o número de Gödel z'. A nova fórmula é pois a paráfrase formal (falando estritamente, é a única representativa), dentro do cálculo, do enunciado metamatemático: "A fórmula com o número de Gödel z é não demonstrável" – ou colocando-o de outra maneira, 'Nenhuma prova pode ser aduzida para a fórmula com número de Gödel z'.

O que Gödel provou é que um certo caso especial desta fórmula não é formalmente demonstrável. Para construir este caso especial, comecemos com a fórmula apresentada como linha (1)

(1) (x) ~ Dem $(x, \text{sub} (y, 13, y))$

Esta fórmula pertence ao cálculo aritmético, mas representa um enunciado metamatemático. A questão é, qual deles? O leitor deveria lembrar primeiramente que a expressão 'sub $(y, 13, y)$' designa um número. Este número é o número de Godél da fórmula obtida da fórmula com o número de Gödel y, substituindo-se a variável com número de Gödel

13 pelo numeral correspondente a y[11]. Será então evidente que a fórmula da linha (1) representa o enunciado meta-matemático: 'A fórmula com número de Gödel sub (y, 13, y) é não demonstrável'[12].

Mas como a fórmula da linha (1) pertence ao cálculo aritmético, ela possui um número de Gödel que pode ser efetivamente calculado Suponhamos que o número seja n. Substituímos agora a variável com número de Gödel 13 (*i.e.*, a variável 'y') na fórmula da linha (1) pelo numeral correspondente a n. Obtém-se então uma nova fórmula, que chamaremos 'G' (segundo Gödel) que disporemos sob este rótulo

(G)   (x) ~ Dem (x, sub (n, 13, n))

A fórmula G é o caso especial que prometemos construir.

Pois bem, esta fórmula ocorre no âmbito do cálculo aritmético e deve portanto ter um número de Gödel. Qual e este número? Uma pequena reflexão mostra que é sub (n, 13, n).

11. É da máxima importância reconhecer que 'sub (y, 13, y)', embora seja uma expressão da aritmética formalizada, não é uma fórmula mas antes uma função-nome para identificar um *número* (veja nota explanatória 10). O número assim identificado, contudo, é o número de Gödel de uma fórmula – da fórmula obtida da fórmula com número de Gödel y, substituindo a variável 'y' pelo numeral correspondente a y.

12. Este enunciado pode ser ainda mais ampliado para ser lido: 'A fórmula (cujo número de Gödel é o número da fórmula) obtida da fórmula com número de Gödel y, substituindo-se a variável com número de Gödel 13 pelo numeral correspondente a y, é não demonstrável'.

O leitor pode ficar intrigado com o fato de no enunciado meta-matemático 'A fórmula com número de Gödel sub (y, 13, y) é não demonstrável', a expressão '*sub (y, 13, y)*' não aparecer entre aspas, embora tivesse sido repetidamente afirmado no texto que 'sub (y, 13, y)' era uma *expressão*. O ponto envolvido depende mais uma vez da distinção entre usar uma expressão para falar acerca do que expressão designa (no caso em que a expressão não é colocada entre aspas) e falar acerca da própria expressão (em cujo caso devemos usar um nome para a expressão e, de conformidade com a convenção para construir tais nomes, deve-se colocar a expressão entre aspas). Um exemplo ajudará. '7 + 5' é uma expressão que designa um número; de outro lado, 7 + 5 é um número, e não uma expressão. Similarmente, 'sub (243.000.000, 13, 243.000.000)' é uma expressão que designa o número de Gödel de uma fórmula (veja Tabela 4); mas sub (243.000.000, 13, 243.000.000) é o número de Gödel de uma fórmula, e não é uma expressão.

Para compreendê-lo, devemos lembra que sub $(n, 13, n)$ é o número de Gödel obtido a partir da fórmula com o número de Gödel n substituindo-se a variável com número de Gödel 13 (*i.e.*, a variável '*y*'), pelo numeral correspondente a *n*. Mas a fórmula G foi obtida a partir da fórmula com o número de Gödel *n* (*i.e.*, a partir da fórmula apresentada na linha (1)), substituindo-se a variável '*y*' que nela ocorre pelo numeral correspondente a *n*. Portanto, o número de Gödel de G é, de fato, sub $(n, 13, n)$.

Mas cumpre lembrar também que a fórmula G é a imagem especular dentro do cálculo aritmético do enunciado metamatemático: "A fórmula com o número de Gödel sub $(n, 13, n)$ é não demonstrável". Segue-se que a *fórmula aritmética* '(x) ~ Dem $(x$, sub $(n, 13, n))$' *representa* no cálculo o *enunciado metamatemático* "A fórmula '(x) ~ Dem $(x$, sub $(n, 13, n))$' é não demonstrável". Em certo sentido, portanto, é possível construir a fórmula aritmética G como uma fórmula que afirma a seu próprio respeito que é não demonstrável.

(ii) Chegamos ao passo seguinte, a prova de que G não é formalmente demonstrável. A demonstração de Gödel assemelha-se ao desenvolvimento do Paradoxo de Richard, mas está isenta de seu raciocínio falacioso[13]. O argumento

13. Talvez seja útil tornar explícita a semelhança bem como a dissimilaridade do presente argumento com respeito ao usado no Paradoxo de Richard. O principal ponto a observar é que a fórmula G não é idêntica ao enunciado metamatemático com o qual esta associado, mas apenas *representa* (ou *espelha*) este último dentro do cálculo aritmético. No Paradoxo de Richard (tal como explicado na p. 57 acima) o número *n* é o número associado a uma certa expressão *metamatemática*. Na construção de Gödel, o número *n* está associado a uma certa *fórmula aritmética* pertencente ao cálculo formal, embora esta fórmula aritmética, na realidade represente um enunciado metamatemático. (A fórmula representa este enunciado porque a metamatemática da aritmética foi mapeada sobre a aritmética). Ao desenvolver o Paradoxo de Richard surgiu a questão de saber se o número *n possui* a propriedade *metamatemática* de ser richardiano. Na construção de Gödel, a questão colocada é saber se o número sub $(n, 13, n)$ possui uma certa propriedade *aritmética* – ou seja, a propriedade aritmética expressa pela fórmula '(x) ~ Dem (x, z)'. Não há portanto confusão na construção de Gödel entre enunciados *dentro* da aritmética e enunciados *acerca* da aritmética, como ocorre no Paradoxo de Richard.

é relativamente desobstruído. Procede mostrando que se a fórmula G fosse demonstrável, então seu contraditório formal (ou seja, a fórmula '~ (x) ~ Dem $(x, \text{sub}\ (n, 13, n))$') poderia também ser demonstrável; e, inversamente, que *se* o contraditório formal de G fosse demonstrável, então o próprio G também seria demonstrável. Assim temos: G é demonstrável se, e somente se, ~ G for demonstrável[14]. Mas

14.Não foi isso o que Gödel realmente provou; e o enunciado do texto, uma adaptação de um teorema obtido por J. Barkley Rosser em 1936, é utilizado por amor à simplicidade na exposição. O que Gödel efetivamente mostrou é que se G for demonstrável, então ~ G é demonstrável (de tal modo que a aritmética é então inconsistente); e se ~ G for demonstrável, então a aritmética é w – inconsistente. O que é a w – inconsistência? Seja 'P' algum predicado aritmético. Então a aritmética seria w – inconsistente se fosse possível demonstrar tanto a fórmula '$(\exists x)\ P(x)$' (*i.e.*, 'Existe ao menos um número que tem a propriedade P') e também que cada uma do conjunto infinito de fórmulas '~ P(0)', '~ P(1)', '~ P(2)' etc. (*i.e.*, "o não tem a propriedade P", "1 não tem a propriedade P", "2 não tem a propriedade P" e assim por diante). Um pouco de reflexão mostra que se um cálculo é inconsistente então é também w – inconsistente; mas o inverso não vale necessariamente: um sistema pode ser w – inconsistente sem ser inconsistente. Pois um sistema para ser inconsistente, tanto '$(\exists x)\ P(x)$'como '(x) ~ P(x)' devem ser demonstráveis. Entretanto, ainda que um sistema seja w – inconsistente, tanto $(\exists x)\ P(x)$' e cada uma das fórmulas do conjunto infinito de fórmulas '~ P(0)', '~p(1)', '~ P(2)', etc., são demonstráveis, a fórmula '(x) ~ P(x)' pode, não obstante, não ser demonstrável, de modo que o sistema não é inconsistente.

Esboçamos a primeira parte do argumento de Gödel de que se G for demonstrável, então ~ G é demonstrável. Suponham que a fórmula G fosse demonstrável. Deve haver então uma sequencia de fórmulas dentro da aritmética que constitua uma prova para G. Seja o número de Gödel desta prova k. Consequentemente, a relação aritmética designada por 'Dem (x, z)' deve valer entre k, o número de Gödel da prova, e sub(n, 13,n), o número de Gödel de G, o que significa dizer que 'Dem $(k, \text{sub}\ (n, 13, n))$' deve ser uma fórmula aritmética verdadeira. Entretanto, pode-se provar que esta relação aritmética é de um tal tipo que, se valer entre um par definido de números, a fórmula que expressa esse fato é demonstrável. Consequentemente, a fórmula 'Dem $(k, \text{sub}\ (n, 13, n))$' não só é verdadeira, mas formalmente demonstrável; isto é, a fórmula é um *teorema*. Mas com a ajuda das Regras de Transformação em lógica elementar podemos derivar imediatamente deste teorema a fórmula '~ (x) ~ Dem $(x, \text{sub}\ (n, 13, n))$'. Mostramos, portanto, que se a fórmula G for demonstrável, sua negação formal sera demonstrável. Segue-se que se o sistema formal for consistente, a formula G é não demonstrável.

Um argumento algo análogo, porém mais complicado é necessário para provar que se ~ G for demonstravel, então G também será demonstrável. Não tentaremos delineá-lo.

como notamos antes, se uma fórmula e sua negação formal podem ser ambas derivadas de um conjunto de axiomas, os axiomas não são consistentes. Donde, se os axiomas do sistema formalizado da aritmética forem consistentes, nem a fórmula G, nem sua negação serão demonstráveis. Em suma, se os axiomas são consistentes G é formalmente *indecidível* – no sentido técnico preciso de que nem G, nem o seu contraditório podem ser formalmente deduzidos dos axiomas.

(iii) Esta conclusão pode parecer, à primeira vista, de capital importância . O que há de tão notável , pode-se perguntar, no fato de uma fórmula poder ser construída dentro da aritmética que é indecidível? Há uma surpresa reservada que ilumina as profundas implicações deste resultado. Pois, embora a fórmula G seja indecidível, se os axiomas do sistema forem consistentes, pode-se mostrar, não obstante, por um raciocínio *metamatemático* que G *é verdadeiro*. Isto é, pode-se mostrar que G formula uma propriedade numérica complexa, mas definida que vale necessariamente para todos os inteiros – exatamente como a fórmula '(x)~(x + 3 = 2)' (que, quando interpretada da maneira usual, diz que nenhum número cardinal, quando adicionado a 3, produz uma soma igual a 2) expressa uma outra propriedade igualmente necessária (embora muito mais simples) de todos os inteiros. O raciocínio que valida a veracidade da indecidibilidade fórmula G é direto. Primeiro, admitindo-se que a aritmética é consistente, o enunciado metamatemático "A fórmula '(x) ~ Dem (x, sub (n 13, n))' não é demonstrável" foi provada como verdadeira. Segundo, este enunciado é representado dentro da aritmética pela própria fórmula mencionada no enunciado. Terceiro, lembramos que enunciados metamatemáticos foram mapeados sobre o formalismo aritmético de tal maneira que verdadeiros enunciados metamatemáticos correspondem a verdadeiras fórmulas aritméticas. (Na verdade, o estabelecimento de uma tal correspondência é a *raison d'être* do mapeamento; como, por exemplo, na geometria analítica onde, em virtude deste processo, verdadeiros enunciados geométricos correspondem sempre a verdadeiros enunciados algébricos). Segue-se que a fórmula G, que corresponde a um verdadeiro enunciado metamatemático, deve ser verdadeira. Cumpre notar, entretanto, que estabelecemos uma verdade aritmética, não por dedução formal a partir dos axiomas da aritmética, mas por um argumento metamatemático.

(iv) Lembramos agora o leitor da noção de "completude" introduzida na discussão do cálculo sentencial. Foi explicado que os axiomas de um sistema dedutivo são "completos" se cada enunciado verdadeiro que pode ser expresso no sistema formalmente dedutível dos axiomas. Se não for este o caso, isto é, se nem todo enunciado verdadeiro expressável no sistema for dedutível, os axiomas são "incompletos". Mas como acabamos de estabelecer que G é uma fórmula verdadeira de aritmética, não formalmente dedutível dentro dela, segue-se que os axiomas da aritmética são incompletos – na hipótese naturalmente, de que sejam consistentes Além disso, são *essencialmente* incompletos: mesmo se G fosse acrescentado como um axioma ulterior, o conjunto aumentado continuaria insuficiente para produzir formalmente *todas* as verdades aritméticas. Pois se os axiomas iniciais fossem aumentados da maneira sugerida, outra fórmula aritmética verdadeira, mas indecidível, poderia ser construída no sistema ampliado; tal fórmula seria construtível pela simples repetição no novo sistema do processo utilizado originalmente para especificar uma fórmula verdadeira, mas indecidível no sistema inicial. Esta notável conclusão mantém-se, não importa quão frequentemente o sistema inicial seja ampliado. Sentimo-nos assim obrigados a reconhecer a limitação fundamental no poder do método axiomático Contra assunções prévias, o vasto continente da verdade aritmética não pode ser levado a uma ordem sistemática, renunciando-se de uma vez por todas a um conjunto de axiomas do qual *todo* enunciado aritmético verdadeiro pode ser formalmente derivado.

(v) Chegamos à coda da maravilhosa sinfonia intelectual de Gödel. Foram traçados os passos pelos quais ele fundamentou o enunciado metamatemático: "Se a aritmética é consistente, ela é incompleta". Mas também se pode provar que este enunciado condicional *tomado como um todo* é representado por uma fórmula *demonstrável* dentro da aritmética formalizada.

Esta fórmula crucial pode ser facilmente construída. Como explicamos no Cap. V, o enunciado metamatemático "A aritmética é consistente" é equivalente ao enunciado "Existe ao menos uma fórmula da aritmética que não é demonstrável". A última é representada no cálculo formal pela seguinte fórmula, que chamaremos de 'A':

(A) $(\exists x) (x) \sim$ Dem (x, y)

Em palavras, ela significa: 'Existe ao menos um número y tal que, para cada número x, x não se acha na relação Dem para com y'. Interpretada metamatematicamente a fórmula assevera: 'Existe ao menos uma fórmula de aritmética para a qual nenhuma sequência de fórmulas constitui uma prova'. A fórmula A, portanto, representa a cláusula antecedente do enunciado metamatemático: 'Se a aritmética é consistente, ela é incompleta'. De outro lado, a cláusula consequente deste enunciado – isto é, 'Ela (aritmética) é incompleta' – segue diretamente de 'Existe um enunciado aritmético verdadeiro que não é formalmente demonstrável na aritmética'; e a última, como o leitor reconhecerá, é representada no cálculo aritmético por um velho amigo, a fórmula G. Consequentemente, o enunciado condicional metamatemático "Se a aritmética é consistente, ela é incompleta" é representado pela fórmula:

$(\exists y) (x) \sim$ Dem $(x, y) \supset (x) \sim$ Dem $(x,$ sub $(n, 13, n))$

que, por razões de brevidade, pode ser simbolizada por 'A $\supset$ G'. (Esta fórmula pode ser provada que é formalmente demonstrável, mas não empreenderemos esta tarefa nas páginas deste livro).

Provaremos agora que a fórmula A é não demonstrável. Suponha que fosse. Então como A $\supset$ G é demonstrável, usando a Regra de Separação, a fórmula G seria demonstrável. Mas, a não ser que o cálculo seja inconsistente, G é formalmente indecidível, isto é, não demonstrável. Assim se a aritmética for consistente, a fórmula A é não demonstrável.

O que isto significa? A fórmula A representa o enunciado metamatemático "A aritmética é consistente". Se, contudo, este enunciado pudesse ser estabelecido por qualquer argumento que pudesse ser mapeado sobre uma sequência de fórmulas que fosse uma prova no cálculo aritmético, a fórmula A seria ela própria demonstrável. Mas isto, como acabamos de ver, é impossível, se a aritmética é consistente. Está ante nós a grande etapa final: devemos concluir que se a aritmética é consistente, sua consistência não pode ser estabelecida por qualquer raciocínio metamatemático que possa ser representado dentro do formalismo da aritmética!

Este imponente resultado da análise de Gödel não deve ser mal compreendido: *não* exclui a prova metamatemática da consistência da aritmética. Exclui sim uma prova de consistência que pode ser espelhada pelas deduções formais da aritmética[15]. As provas metamatemáticas da consistência da aritmética foram, na realidade, construídas, particularmente por Gerhard Gentzen, um membro da escola de Hilbert, em 1936, e desde então por outros[16]. Estas provas são de grande significação lógica, entre outras razões porque propõem novas formas de construções metamatemáticas, e porque ajudam por este meio a esclarecer como a classe de regras de inferência precisa ser ampliada, se é que se pretende estabelecer a consistência da aritmética. Mas tais provas, não são representáveis dentro do cálculo aritmético; e, como não são de caráter finitista, não atingem os objetivos proclamados pelo programa original de Hilbert.

15. O leitor poderá encontrar ajuda sobre este ponto no lembrete de que, similarmente, a prova da impossibilidade de trisseccionar um ângulo arbitrário com régua e compasso *não* significa que um ângulo não possa ser trisseccionado por outros meios quaisquer. Pelo contrário, um ângulo arbitrário pode ser trisseccionado se, por exemplo, além de régua e compasso, nos for permitido empregar uma distância fixa, assinalada na régua.

16. A prova de Gentzen depende de arranjar todas as demonstrações da aritmética em ordem linear segundo o seu grau de "simplicidade". O arranjo mostra ter um padrão que é de um certo tipo "ordinal transfinito". (A teoria dos números ordinais transfinitos foi criada pelo matemático alemão Georg Cantor, no seculo XIX.) Obtem-se a prova de consistência aplicando a esta ordem linear uma regra de inferência denominada "principio de indução transfinita". O argumento de Gentzen não pode ser mapeado sobre o formalimo da aritmética. Além disso, embora a maioria dos estudiosos não questionem a coerência da prova, ela não é finitária no sentido das estipulações originais de Hilbert para uma prova absoluta de consistência.

8. REFLEXÕES FINAIS

A importância das conclusões de Gödel é de longo alcance, embora não tenha sido ainda plenamente configurada. Tais conclusões mostram que a perspectiva de encontrar para todo sistema dedutivo (e, em particular, para um sistema em que se possa expressar o conjunto da aritmética) uma prova absoluta de consistência que satisfaça as exigências finitárias da proposta de Hilbert, embora não seja logicamente impossível é altamente improvável[1]. Mostram também que há um número infinito de enunciados aritméticos verdadeiros que não se podem deduzir formalmente de

---

1. A possibilidade de construir uma prova absoluta finitária de consistência para a aritmética não fica excluída pelos resultados de Gödel. Gödel demonstrou que não é possível qualquer prova desta ordem representável dentro da aritmética. Seu argumento não elimina a possibilidade de provas estritamente finitárias que não possam ser representadas dentro da aritmética. Mas ninguém parece ter hoje uma ideia clara de como seria uma prova finitária que não fosse passível de formulação dentro da aritmética.

qualquer conjunto dado de axiomas mediante um conjunto cerrado de regras de inferência. Segue-se que uma abordagem axiomática da teoria dos números, por exemplo, não pode esgotar o domínio da verdade aritmética. Segue-se, também, que o que entendemos por processo da prova matemática não coincide com a exploração de um método axiomático formalizado. Um procedimento axiomático formalizado baseia-se em um conjunto de axiomas e regras de transformação inicialmente determinado e fixado. Como o próprio argumento de Gödel mostra que não se pode colocar nenhum limite antecedente à inventividade dos matemáticos imaginando novas regras de prova. Por conseguinte, não se pode fornecer nenhum apanhado final sobre a forma lógica precisa de demonstrações matemáticas válidas. À luz destas circunstâncias, se uma definição abrangente da verdade matemática ou lógica pode ser imaginada, e se, como o próprio Gödel parece acreditar, apenas um "realismo" filosófico cabal de antigo tipo platônico pode fornecer uma definição adequada, estes são problemas ainda em debate e demasiado difíceis para considerações ulteriores neste contexto[2].

---

2. O realismo platônico assume o ponto de vista de que a matemática não cria ou inventa seus "objetos" mas descobre-os como Colombo descobriu a América. Pois bem, se isto for verdade, os objetos devem, de alguma forma, "existir" antes de sua descoberta. Segundo a doutrina. platônica, os objetos do estudo matemático não se encontram na ordem espaço-temporal. Eles são desencarnados Arquétipos ou Formas eternas que residem em um reino distinto acessível apenas ao intelecto. Nesta concepção, as formas triangulares ou circulares de corpos físicos perceptíveis por nossos sentidos não são os próprios objetos da matemática. Estas formas não passam de corporificações imperfeitas de um indivisível Triângulo "perfeito" ou Círculo "perfeito", que não é criado, nem jamais se manifestou plenamente por meio de coisas materiais, e que pode ser apreendido apenas pela mente exploradora do matemático. Gödel parece sustentar um ponto de vista similar quando diz "Classes e conceitos podem [...] ser concebidos como objetos reais [...] que existem independen-temente de nossas definições e construções. Parece-me que a assunção de tais objetos é inteiramente tão legítima como a assunção de corpos físicos e há positivamente muita razão em crer em sua existência". (Kurt Gödel, "Russell's Mathematical Logic", no *The Philosophy of Bertrand Russell* [ed. Paul A. Schilpp, Evanston and Chicago, 1944], p. 137.)

As conclusões de Gödel versam sobre o problema de saber se é possível construir uma máquina de calcular comparável ao cérebro humano em inteligência matemática. Hoje, as máquinas de calcular encerram um conjunto fixo de diretivas; tais diretivas correspondem a regras fixas de inferência, de procedimento axiomático formalizado. As máquinas fornecem assim respostas a problemas operando passo a passo, sendo cada passo controlado pelas diretivas embutidas. Mas, como Gödel mostrou em seu teorema de incompletude, existem numerosos problemas na teoria elementar dos números que permanecem fora do âmbito de um método axiomático fixado, e que tais engenhos são incapazes de responder por mais intricados e engenhosos que sejam os mecanismos introduzidos e por mais rápidas que sejam suas operações. Dado um problema definido, pode-se construir uma máquina deste tipo para resolvê-lo; mas não é possível fazer uma máquina deste gênero capaz de resolver todo e qualquer problema. O cérebro humano pode, na verdade, ter limitações próprias inerentes, e talvez existam problemas matemáticos que ele seja incapaz de resolver. Mas, ainda assim, o cérebro parece corporificar uma estrutura de regras de operação muito mais poderosa do que a estrutura das máquinas artificiais comumente concebidas. Não há perspectiva imediata de substituir a mente humana por robôs.

A prova de Gödel não deve ser apresentada com um convite para o desespero ou como uma desculpa para o tráfico de mistérios. A descoberta da existência de verdades matemáticas formalmente indemonstráveis não significa que existam verdades destinadas a permanecer para sempre desconhecidas, ou que uma intuição "mística" (radicalmente diferente em espécie e autoridade daquilo que é em geral operativo nos progressos intelectuais) deve substituir provas adequadas. Isto não significa, como pretendeu um autor recente que há "limite ineludíveis para a razão humana". Isto significa que os recursos do intelecto humano não foram e não poder ser plenamente formalizados, e que novos princípios de demonstração aguardam eternamente invenção e descoberta. Vimos que proposições matemáticas que não podem ser estabelecidas por dedução formal a partir de um dado conjunto de axiomas, podem, não obstante ser estabelecidas por raciocínio metamatemático "informal". Seria irresponsabilidade pretender que tais verdades formalmente indemonstráveis, firmadas por argumentos metamatemáticos, se baseiam em nada melhor do que puros apelos à intuição.

Tampouco as limitações inerentes às máquinas de calcular implicam que não podemos alimentar a esperança de explicar a matéria viva e a razão humana em termos químicos e físicos. A possibilidade de tais explicações não foi evitada nem afirmada pelo teorema da incompletude de Gödel. O teorema indica que a estrutura e o poder da mente humana são bem mais complexos e sutis que os de qualquer máquina não viva até agora considerada. A própria obra de Gödel é um exemplo notável de tal complexidade e sutileza. É uma oportunidade, não para desanimar, mas para uma apreciação renovada dos poderes da razão criativa.

APÊNDICES

Notas

1. (p. 19). Somente em 1899 foi que a aritmética dos números cardinais foi axiomatizada pelo matemátio italiano Giuseppe Peano. Seus axiomas são cinco. São formulados por meio de três termos indefinidos, sendo presumida a familiaridade com estes. Os termos são *"número"*, *"zero"* e *"sucessor imediato de"*. Os axiomas de Peano podem ser enunciados como segue:

1. Zero é um número.
2. O sucessor imediato de um número é um número.
3. Zero não é o sucessor imediato de um número.
4. Não há dois números que tenham o mesmo sucessor imediato.
5. Qualquer propriedade pertencente a zero, e também ao sucessor imediato de cada número que tenha a propriedade, pertence a todos os números.

O último axioma formula o que muitas vezes se chama "princípio da indução matemática".

2. (p. 41). O leitor talvez esteja interessado em ter um apanhado mais completo do que o texto proporciona dos teoremas lógicos e regras de inferência, tacitamente empregados mesmo em demonstrações matemáticas elementares. Analisaremos primeiro o raciocínio que produz a linha 6 na prova de Euclides, a partir das linhas 3, 4 e 5.

Designamos as letras 'p', 'q' e 'r' como "variáveis sentenciais", porque é possível substituí-las por sentenças. Também, para economizar espaço, escrevemos enunciados condicionais da forma 'se p então q' como '$p \supset q$'; e denominamos a expressão à esquerda do signo em ferradura '$\supset$', "antecedente" e a expressão à direita "consequente". Similarmente, escreveremos '$p \vee q$' como abreviatura para a forma alternativa 'ou p ou q'.

Há um teorema em lógica elementar que reza:

$(p \supset r) \supset [(q \supset r) \supset ((p \vee q) \supset r)]$

Pode-se provar que este teorema formula uma *verdade necessária*. O leitor reconhecerá que esta fórmula declara mais compactamente aquilo que é transmitido pelo seguinte enunciado mais longo:

Se (se p então r), então [se (se q então r) então (se (ou p ou q) então r)]

Como assinalamos no texto, há uma regra de inferência na lógica denominada Regra de Substituição Para Variáveis Sentenciais. De acordo com esta Regra, uma sentença S_2 segue logicamente de uma Sentença S_1 que contém variáveis sentenciais, se a primeira for obtida a partir da segunda pela substituição uniforme das variáveis por quaisquer sentenças Se aplicarmos esta regra ao teorema há pouco mencionado substituindo 'p' por 'y é primo', 'q' por 'y é composto' e 'r' por 'x não é o maior primo', obtemos o seguinte:

(y é primo $\supset$ x não é o maior primo)

$\supset$ [(y é composto $\supset$ x não é o maior primo)

$\supset$ ((y é primo $\vee$ y é composto) $\supset$ x não é o maior primo)]

O leitor notará imediatamente que a sentença condicional dentro do primeiro par de parênteses (ela aparece na primeira linha deste exemplo do teorema) simplesmente duplica a linha 3 da prova de Euclides. Do mesmo modo, a sentença condicional dentro do primeiro par de parênteses dentro dos colchetes (ela aparece como a segunda linha deste exemplo do teorema) duplica a linha 4 da prova. Também, a sentença alternativa dentro do colchete duplica a linha 5 da prova.

Faremos agora o uso de outra regra de inferência conhecida como a Regra do Destacamento (ou *Modus Ponens*). Esta regra permite-nos inferir uma sentença S_2 de outras duas sentenças, uma das quais é S_1 e a outra, $S_1 \supset S_2$. Aplicamos esta regra três vezes: primeiro, usando a linha 3 da prova de Euclides e o exemplo acima do teorema lógico; depois, o resultado obtido por esta aplicação e a linha 4 da prova; e finalmente, o último resultado da aplicação e a linha 5 da prova. O resultado é a linha 6 da prova.

A derivação da linha 6 a partir das linhas 3, 4 e 5 envolve assim o uso tácito de duas regras de inferência e um teorema de lógica. O teorema e regras pertencem a parte elementar da teoria lógica, o cálculo sentencial. Ele lida com as relações lógicas entre enunciados compostos de outros enunciados com a ajuda de conectivos sentenciais, dos quais '$\supset$' e '$\vee$' constituem exemplos. Outros conectivos deste tipo são a conjunção 'e', para qual o ponto '.' é usado como abreviatura; assim como o enunciado conectivo 'p e q' é escrito como 'p. q'. O signo '$\sim$' representa a partícula negativa "não": assim 'não-p' é escrito como '$\sim p$'.

Examinemos a transição na prova de Euclides da linha 6 para a linha 7. Este passo não pode ser analisado só com a ajuda do cálculo sentencial. É necessária uma regra de inferência que pertença a uma parte mais avançada da teoria lógica – ou seja, aquela que considera a complexidade dos enunciados que incorporam expressões como 'tudo', 'cada', 'algum' e seus sinônimos. Estes são tradicionalmente chamados de *quantificadores* e o ramo da teoria lógica que discute o seu papel é a teoria da quantificação.

É necessário explicar algo da notação empregada neste setor mais avançado da lógica, como um fato preliminar para analisar a transição em questão. Em aditamento a estas variáveis sentenciais, que podem substituir sentenças, devemos considerar a categoria de "variáveis individuais" tais como 'x', 'y', 'z' etc. que podem substituir os nomes dos indivíduos. Usando estas variáveis, o enunciado universal 'Todos os primos maiores que dois são ímpares' pode ser formulado: 'Para cada x, se x for um primo maior do que 2, então x é ímpar'. A expressão 'para cada x' denomina-se *quantifcador universal* e em notação lógica corrente, é abreviada com o signo '(x)'. Pode-se escrever portanto o enunciado universal.

(x) (x é um primo maior do que $2 \supset x$ é ímpar)

Além do mais, pode-se traduzir o enunciado "particular" (ou "existencial"). "Alguns inteiros são compostos", por "existe ao menos um x tal que x é um inteiro e x é composto". A expressão "existe pelo menos um x" é chamada *quantificador existencial*, sendo comumente abreviada com o signo '$(\exists x)$'. É possível transcrever o enunciado existencial há pouco mencionado por:

$(\exists x)$ (x é um inteiro • x é composto)

Cumpre agora observar que muitos enunciados usam implicitamente mais do que um quantificador de modo que ao exibir sua verdadeira estrutura vários quantificadores devem aparecer. Antes de ilustrar este ponto, adotemos certas abreviaturas para aquilo que em geral se denomina expressões predicativas ou mais simplesmente, predicados. Utilizaremos 'Pr (x)' como abreviatura de 'x é um número primo'; e 'Gr (x, z)' como abreviatura de 'x é maior do que z'. Consideremos o

94

enunciado 'x é o maior número primo'. Pode-se tornar mais explícito o seu significado através da seguinte locução: 'x é um primo e, para cada z, primo, mas diferente de x, x é maior do que z'. Com a ajuda de nossas várias abreviaturas, podemos escrever o enunciado 'x é o maior primo':

$$\text{Pr}(x) \bullet (z) [(\text{Pr}(z) \bullet \sim (x = z)) \supset \text{Gr}(x, z)]$$

Literalmente, isto significa: 'x é um primo e, para cada z, se z for um primo, e z não for igual a x, então x será maior do que z'. Reconhecemos na sequência simbólica uma tradução minuciosamente explícita e formal do conteúdo da linha 1 da prova de Euclides.

A seguir, consideremos como expressar em nossa notação o enunciado 'x não é o maior primo' que aparece na linha 6 da prova. Isto pode ser apresentado sob a forma:

$$\text{Pr}(x) \bullet (\exists z) [\text{Pr}(z) \bullet \text{Gr}(z, x)]$$

Literalmente, reza: "x é um primo e existe pelo menos um z tal que z é um primo e z é maior do que x".

Finalmente , a conclusão da prova de Euclides, linha 7, que assegura não haver um número primo maior do que todos os primos, é simbolicamente transcrito por:

$$(x) [\text{Pr}(x) \supset (\exists z) (\text{Pr}(z) \bullet \text{Gr}(z, x))]$$

que reza: 'Para cada x, se x for um primo, existe pelo menos um z, tal que z é um primo e z é maior do que x'. O leitor observará que a conclusão de Euclides envolve implicitamente o emprego de mais de um quantificador.

Estamos prontos a discutir o passo dado da linha 6 de Euclides para a 7. Há um teorema da lógica que diz

$$(p \bullet q) \supset (p \supset q)$$

ou quando traduzido, 'se tanto p como q, então (se p então q)'. Usando a Regra de Substituição e substituindo 'p' por 'Pr(x)' e 'q' por '$(\exists z) [\text{Pr}(z) \text{Gr}(z, x)]$' obtemos:

$$(\text{Pr}(x) \supset (\exists z) [\text{Pr}(z) \bullet \text{Gr}(z, x)] \supset$$

$$(\text{Pr}(x) \supset (\exists z)\ [\text{Pr}(z) \bullet \text{Gr}(z, x)])$$

O antecedente (primeira linha) deste exemplo do teorema simplesmente duplica a linha 6 da prova de Euclides; se aplicarmos a Regra de Destacamento, temos

$$(\text{Pr}(x) \supset (\exists z)\ [\text{Pr}(z) \bullet \text{Gr}(z, x)])$$

De acordo com uma Regra de Inferência na teoria lógica da quantificação, é sempre possível inferir uma sentença S_2 tendo a forma '(x) $(...x...)$' de uma sentença S_1 sob a forma '$(...x...)$'. Em outras palavras, a sentença que tem o quantificador 'x' como prefixo pode ser derivada da sentença que não contém o prefixo, mas é como a primeira, em outros aspectos. Aplicando esta regra à última sentença apresentada, temos a linha 7 da prova de Euclides.

A moral de nossa história é que a prova do teorema de Euclides implica tacitamente o uso não só de teoremas e regras de inferência pertencentes ao cálculo sentencial, mas também de uma regra de inferência na teoria da quantificação.

3. (p. 52). O leitor cuidadoso pode hesitar a esta altura. Suas objeções podem apresentar-se mais ou menos assim. A propriedade de ser uma tautologia foi definida em noções de verdade e falsidade. Todavia, tais noções envolvem obviamente uma referência a algo *fora* do cálculo formal. Portanto, o processo mencionado no texto, na realidade, oferece uma *interpretação* ao cálculo, provendo um modelo para o sistema. Sendo isto assim, os autores não fizeram o que prometeram, ou seja, definir uma propriedade de fórmulas em termos de traços puramente estruturais das próprias fórmulas. Parece que a dificuldade notada no Cap. 2 do texto – de que provas de consistência baseadas em modelos e que argumentam a partir da verdade de axiomas para a sua consistência apenas deslocam o problema – não foi no fim de contas flanqueada com êxito. Por que então chamar a prova de "absoluta" e não de relativa?

A objeção cabe muito bem quando dirigida contra a exposição no texto. Mas adotamos esta forma para não sobrecarregar o leitor desacostumado a uma apresentação altamente abstrata apoiada em uma prova intuitivamente opaca. Uma vez que leitores mais temerários podem querer que lhes seja exposto a coisa real, para ver uma definição inadornada que não esteja exposta à crítica em questão, nós a forneceremos.

Cumpre lembrar que uma fórmula do cálculo é ou uma fórmula das letras usadas como variáveis sentenciais (chamaremos tais fórmulas elementares) ou um composto destas letras, dos signos empregados como conectivos sentenciais e dos parênteses. Anuímos em colocar cada fórmula elementar em uma das duas classes K_1 e K_2 mutuamente exclusivas e exaustivas. As fórmulas que não são elementares são colocadas nestas classes de acordo com as seguintes convenções:

i) Uma fórmula com a forma $S_1 \lor S_2$ é colocada na classe K_2 se *ambas* S_1 e S_2 estiverem em K_2; de outro modo, é colocada em K_1.

ii) Uma fórmula com a forma $S_1 \supset S_2$ é colocada em K_2, se S_1 estiver em K_1 e S_2 em K_2; de outro modo é colocada em K_1.

iii) Uma fórmula com a forma $S_1 \bullet S_2$ é colocada em K_1, *se ambos* S_1 e S_2 estiverem em K_1; de outro modo, é colocada em K_2.

iv) Uma fórmula com a forma $\sim S$ é colocada em K_2, se S estiver em K_1; de outro modo, é colocada em K_1.

Definimos então a propriedade de ser tautológico: uma fórmula é uma tautologia se, e somente se, cair na classe K_1, não importando em qual das duas classes estão colocados seus constituintes elementares. É claro que a propriedade de ser uma tautologia foi agora descrita sem utilizar qualquer modelo ou interpretação para o sistema. Podemos descobrir se uma fórmula é ou não é uma tautologia, simplesmente testando sua estrutura pelas convenções acima expostas.

Um tal exame mostra que cada um dos quatro axiomas é uma tautologia. Um procedimento conveniente é construir uma tabela que arrole todos os possíveis modos pelos quais os constituintes elementares de uma dada fórmula podem ser colocados em duas classes. A partir desta lista, podemos determinar para cada possibilidade a que classe pertencem as fórmulas componentes não elementares da fórmula dada e a que classe pertence a fórmula toda. Tomem o primeiro axioma. A sua tabela consiste de três colunas, cada qual encabeçada pelas fórmulas componentes elementares ou não elementares do axioma, bem como pelo próprio axioma. Sob cada rubrica está indicada a classe à qual o item particular pertence, para cada uma das atribuições possíveis dos constituintes elementares às duas classes. O quadro é o seguinte:

p	$(p \vee p)$	$(p \vee p) \supset p$
K_1	K_1	K_1
K_2	K_2	K_1

A primeira coluna menciona as maneiras possíveis de classificar o único constituinte elementar do axioma. A segunda coluna atribui o indicado componente não elementar a uma classe, com base na convenção (i). A última coluna atribui o próprio axioma a uma classe, com base na convenção (ii). A coluna final mostra que o primeiro axioma cai na classe K_1, independentemente da classe em que seu único constituinte elementar está colocado. O axioma é, portanto, uma tautologia.

Para o segundo axioma o quadro é:

p	q	$(p \vee q)$	$p \supset (p \vee q)$
K_1	K_1	K_1	K_1
K_1	K_2	K_1	K_1
K_2	K_1	K_1	K_1
K_2	K_2	K_2	K_1

98

As duas primeiras colunas arrolam as quatro maneiras possíveis de classificar os dois constituintes elementares do axioma A segunda coluna atribui a componente não elementar a uma classe, com base na convenção (i). A terceira coluna faz isto com relação ao axioma com base na convenção (ii). A coluna final volta a mostrar que o segundo axioma cai na classe K_1 para cada um dos quatro modos possíveis em que se pode classificar os constituintes elementares. O axioma é, portanto, uma tautologia. De maneira similar, pode-se mostrar que os dois axiomas remanescentes são tautologias.

Daremos também a prova de que a propriedade de ser uma tautologia é hereditária sob a regra do Destacamento. (A prova de que é hereditária segundo a Regra de Substituição ficará a cargo do leitor). Presumam que duas fórmulas quaisquer S_1 e $S_1 \supset S_2$ são ambas tautologias; devemos mostrar que neste caso S_2 é uma tautologia. Suponham que S_2 não fosse uma tautologia. Então, pelo menos no tocante a uma classificação de seus constituintes elementares, S_2 cairá em K_2. Mas, por hipótese, S_1 é uma tautologia, de modo que cairá em K_1 para todas as classificações de seus constituintes elementares – e, em particular, para a classificação que exige a colocação de S_2 em K_2. Consequentemente, no tocante a esta última classificação, $S_1 \supset S_2$ deve cair em K_2, por causa da segunda convenção. Entretanto, isso contradiz a hipótese de que $S_1 \supset S_2$ é uma tautologia. Por conseguinte, S_2 tem de ser uma tautologia sob pena desta contradição. A propriedade de ser uma tautologia é assim transmitida pela Regra de Destacamento, desde as premissas até a conclusão derivável delas por meio desta regra.

Um comentário final sobre a definição de tautologia dada no texto. As duas classes K_1 e K_2 utilizadas no presente apanhado podem ser construídas como as classes de enunciados falsos e verdadeiros, respectivamente. Mas o apanhado, como acabamos de ver, de modo algum depende de tal interpretação, ainda que a exposição seja mais facilmente apreendida quando as classes são entendidas desta maneira.

BIBLIOGRAFIA SUMÁRIA

CARNAP, Rudolf. *Logical Syntax of Language*, New York, 1937.

FINDLAY, J. "Goedelian sentences: a non-numerical approach". *Mind*, vol. 51 (1942), pp. 259-265.

GÖDEL, Kurt. "Über formal unentscheidbare Sätze der Principia Mathematica und verwandter Systeme I". *Monatshefte für Mathematik un Physik*, vol. 38 (1931), pp. 173-198.

KLEENE, S. C. *Introduction to Metamathematics*. New York, 1952.

LADRIÈRE, Jean. *Les Limitations Internes des Formalismes*, Lovain e Paris, 1957.

MOSTOWSKI, A. *Sentences Undecidable in Formalized Arithmetic*, Amsterdã, 1952.

QUINE, W. V. O. *Methods of Logic*, New York, 1950.

ROSSER, Barkley. "An informal exposition of proofs of Gödel's theorems and Church's theorems". *Journal of Symbolic Logic*, vol. 4 (1939), pp. 53-60.

TURING, A. M. "Computing machinery and intelligence", *Mind*, vol. 59 (1960), pp. 433-460.

WEYL, Hermann. *Philosophy of Mathematics and Natural Science*, Princeton, 1949.

WILDER R. L. *Introduction to the Foundations of Mathematics*, New York, 1952.

CIÊNCIA NA PERSPECTIVA

Os Alquimistas Judeus: Um Livro de História e Fontes
Raphael Patai (Big Bang)

Arteciência: Afluência de signos co-moventes
Roland de Azeredo Campos (Big Bang)

O Breve Lapso entre o Ovo e a Galinha
Mariano Sigman (Big Bang)

A Criação Científica
Abraham Moles (Estudos 003)

Em Torno da Mente
Ana Carolina Guedes Pereira (Big Bang)

A Estrutura das Revoluções Científicas
Thomas S. Kuhn (Debates 115)

Mário Schenberg: Entre-vistas

Gita K. Guinsburg e José Luiz Goldfarb (orgs.)

O Mundo e o Homem: Uma Agenda do Século XXI à Luz da Ciência
José Goldemberg (Big Bang)

Problemas da Física Moderna
Max Born, Pierre Auger, E. Schrödinger e W. Heisenberg (Debates 009)

A Teoria Que Não Morreria
Sharon Bertsch McGrayne (Big Bang)

Uma Nova Física
André Koch Torres Assis (Big Bang)

O Universo Vermelho: desvios para o vermelho, cosmologia e ciência acadêmica
Halton Arp (Big Bang)

CIBERNÉTICA

A Aventura Humana Entre o Real e o Imaginário
Milton Grceo (Big Bang)

Cibernética: ou controle e comunicação no animal e na máquina
Norbert Wiener (Big Bang)

Cibernética Social I: um método interdisciplinar das ciências sociais e humanas
Waldemar de Gregori

Introdução à Cibernética
W. Ross Ashby (Estudos 001)

O Tempo de Redes
Fábio Duarte, Queila Souza e Carlos Quandt (Big Bang)

MetaMat!: Em Busca do Ômega
Gregory Chaitin (Big Bang)

FILOSOFIA DA CIÊNCIA

Caçando a Realidade: A Luta pelo Realismo
Mario Bunge (Big Bang)

Diálogos sobre o Conhecimento
Paul K. Feyerabend (Big Bang)

Dicionário de Filosofia
Mario Bunge (Big Bang)

Física e Filosofia
Mario Bunge (Debates 165)

A Mente Segundo Dennett
João de Fernandes Teixeira (Big Bang)

Prematuridade na Descoberta Científica: sobre resistência e negligência
Ernest B. Hook (Big Bang)

Teoria e Realidade
Mario Bunge (Debates 072)

LÓGICA

Estruturas Intelectuais: Ensaio sobre a Organização Sistemática dos Conceitos
Robert Blanché (Big Bang)

A Prova de Gödel
Ernest Nagel e James R. Newman (Debates 075)

Este livro foi impresso na cidade de Cotia,
nas oficinas da Meta Solutions,
para a Editora Perspectiva